新知
图书馆

第三辑

探秘生物世界

[美] 詹姆斯·鲍比克
拿俄米·巴拉班
桑德拉·博克
劳雷尔·布里奇斯·罗伯茨　/著

庄星来　/译

上海科学技术文献出版社
Shanghai Scientific and Technological Literature Press

图书在版编目（CIP）数据

探秘生物世界 /（美）詹姆斯·鲍比克，（美）拿俄米·巴拉班，（美）桑德拉·博克著；庄星来译. —上海：上海科学技术文献出版社，2021

ISBN 978-7-5439-8073-0

Ⅰ．① 探…　Ⅱ．①詹…②拿…③桑…④庄…　Ⅲ．①生物学—普及读物　Ⅳ．① Q-49

中国版本图书馆 CIP 数据核字 (2020) 第 026543 号

图字：09-2014-267

责任编辑：李　莺
封面设计：周　婧

探秘生物世界
TANMI SHENGWU SHIJIE

[美]詹姆斯·鲍比克　拿俄米·巴拉班　桑德拉·博克　劳雷尔·布里奇斯·罗伯茨　著　庄星来　译
出版发行：上海科学技术文献出版社
地　　址：上海市长乐路 746 号
邮政编码：200040
经　　销：全国新华书店
印　　刷：常熟市人民印刷有限公司
开　　本：720mm×1000mm　1/16
印　　张：14
字　　数：236 000
版　　次：2021 年 2 月第 1 版　2021 年 2 月第 1 次印刷
书　　号：ISBN 978-7-5439-8073-0
定　　价：48.00 元
http://www.sstlp.com

前　言

　　生物科学涵盖了自然界的方方面面，小至分子及亚细胞层面，大至生态系统及全球环境，无不吸引着我们的注意。在过去的六十年里，分子生物学方面的惊人发现和辉煌成就催生了一场基于基因的医学革命，其影响之深广，从犯罪现场检验到干细胞研究，概莫能外。1953年，詹姆斯·D.沃森（James D. Watson）博士和弗朗西斯·克里克（Francis Crick）博士发现了DNA（即脱氧核糖核酸）的结构，这是科学上的一个重大进展，为理解一切生命形态提供了一把万能钥匙。克里克和沃森发现DNA是由两条互补的链条组成的，该结构解释了细胞分裂之后其原有的遗传物质是如何被复制的。在他们的首创性研究的引导下，我们破译了人类基因组，它是由300亿个DNA单位构成的，其中包含了一个人存在及生存所需的全部生物信息。

　　《探秘生物世界》探讨了我们在生物学理解上的量子飞跃，用平实的语言回答了有关人类、动植物、微生物方方面面的数百个问题；在未来，生物学领域将继续产生热门的医学话题并引发政治话题，如克隆、干细胞疗法、基因操控等。

　　本书所含信息丰富，读者可从书中找到许多有趣的问题的答案，例如：谁是植物学的奠基者？哪种树木可以用来测定血型？跳蚤能跳多远？什么是动物行为学？

　　《探秘生物世界》使用方便，特别适合普通科学爱好者及学生。全书配有插图和图表，讨论的话题包括植物多样性、植物的结构和功能，动物的结构和功能、动物多样性、动物的行为等。

　　本书所提供的信息既可吸引有生物学背景的读者，又能满足想要了解生物学的读者的好奇心。我们在书中所探讨的问题或是有趣的，或是特别的，或是咨询台和课堂上常见的，又或是难以回答的。这些问题不仅涉及生物学的历史和发展，也涵盖当前的话题和争论。本书每一章都是图书馆学专家詹姆斯（James）、拿俄米（Naomi）和生物学家桑德拉（Sandra）、劳雷尔（Laurel）共同努力的成果。

目录
CONTENTS

目录

植物多样性

简介及历史背景

▶ 植物学的主要分支是什么?

表1.1　植物学的主要分支

分　支	研　究　内　容
苔藓植物学	研究藓类植物和苔类植物
经济植物学	研究人类对植物的利用
民族植物学	研究一定地区人群与植物界的关系
林学	研究森林的管理和林产品的利用
园艺学	研究观赏植物、蔬菜和果树
古植物学	研究植物化石
孢粉学	研究花粉和孢子
植物化学	研究发生在植物体内的化学过程
植物解剖学	研究植物细胞和组织
植物生态学	研究植物在环境中发挥的作用
植物遗传学	研究植物的遗传和变异
植物形态学	研究植物形态和生命周期
植物病理学	研究植物疾病
植物生理学	研究植物功能和发育
植物系统学	研究植物的分类和命名

如果要把地球的历史缩短到只有一年,那么植物进化的主要里程碑是什么?

时间(百万年)	事　件	日　期
3 600	第一株藻类*出现	3月21日
433	陆生植物出现	11月27日
400	蕨类植物和裸子植物出现	11月30日
300	沉淀形成大型煤炭矿床	12月8日
65	开花植物出现	12月26日

*根据最近的生物分类系统,藻类不再属于植物,它们是原生生物

▶ 谁是植物学的创始人?

　　古希腊科学家泰奥弗拉斯托斯(Theophrastus,约公元前371—约公元前287)被认为是"植物学之父"。他有关植物的两部主要著作——《植物志》和《植物的本源》,是如此包罗万象,以至于之后的1 800年内都没有任何新的重要的未曾被泰奥弗拉斯托斯提及过的植物学知识。他将农业实践融入植物学,并且建立了植物生长理论,分析了植物结构。他将植物与它们生长的自然环境联系起来,并对550种植物进行了鉴别、分类和描述。

▶ 什么是格氏植物学手册?

　　《格氏植物学手册》在1848年由阿萨·格雷(Asa Gray,1810—1888)首次出版,是第一部准确的北美东部植物的现代指南。这本手册的内容主要是对植物的详尽描述。该书的第八版(即百年纪念版)中,大部分内容由梅里特·林登·弗纳尔德(Merritt Lyndon Fernald,1873—1950)重新进行了编写和扩展,于1950年公开出版。这一版本后来又由R.C.罗林斯(R. C. Rollins)修订更新,并

由迪奥斯科里迪斯出版社（Dioscorides Press）于1987年再版。

▶ 约翰·巴特拉姆（John Bartram）和威廉·巴特拉姆（William Bartram）对植物学做出了什么样的贡献？

约翰·巴特拉姆（1699—1777）是第一位在北美出生的植物学家。他和他的儿子威廉·巴特拉姆（1739—1823）游遍美国，观察殖民地的植物群和动物群。尽管约翰·巴特拉姆从来没有发表过他的观察成果，但他还是被认为是美国植物学的权威。1791年，他的儿子威廉·巴特拉姆以《巴特拉姆游记》（*Bartram's Travels*）为名出版了一本关于美国动植物的研究笔记。

▶ 如何根据植物的生长模式来鉴定植物？

草本的或者非木本的植物在每一个生长季节结束时死亡。木本植物则每年会增加一圈木质层。

▶ 四类主要的植物是什么？

植物根据它们是否具有维管（是否有由细胞组成的运输水分和营养的维管组织）被分类。维管植物门被进一步分成种子植物和无种子植物。种子植物被分为开花和不开花两类。无维管植物传统上称为苔藓植物。因为苔藓植物缺少一个传导运输水分和养分的系统，所以它们在大小上有一定的局限性，生长在潮湿的靠近地表的区域。苔藓植物的代表是藓类、苔类和角苔类。无种子的维管植物的代表是蕨类、楔叶类和角苔类。松柏类是有球果、有种子、无花的维管植物。大部分植物是有种子、开花的维管植物，即被子植物。

▶ 植物的门有哪些？

表1.2　植物的门

门	物种数目	特　征	代　表
苔藓植物门	12 000	无维管	藓类
苔门	6 500	无维管	苔类

（续表）

门	物种数目	特　征	代　表
角苔门	100	无维管	角苔类
裸蕨门	6	具维管，具同型孢子，根和茎分化不明显	松叶蕨
石松植物门	1 000	具维管，具同型孢子或异型孢子	石松类
节蕨植物门	15	具维管，具同型孢子	楔叶类
蕨类植物门	12 000	具维管，具同型孢子	蕨类
苏铁植物门	100	具维管，具同型孢子，形成种子	苏铁（通常被称为西谷椰子）
银杏门	1	具维管，具同型孢子，形成种子，落叶树	银杏
买麻藤门	70	具维管，具同型孢子，形成种子	麻黄、灌木、藤本植物
松柏植物门	550	具维管，具同型孢子，形成种子	松柏类（松树、云杉、冷杉、紫杉和红杉）
显花植物	240 000	具维管，具同型孢子，形成种子	显花植物

▶ 植物分类是如何随时间流逝变化的？

　　最早的植物分类基于该植物被认为是否有药用价值或显示出具有其他用途。由审查官加图（Cato，公元前234—公元前149）撰写的《农业志》列出了125种植物，是罗马最早的植物目录之一。盖乌斯·普林尼·塞孔都斯（Gaius Plinius Secundus，23—79），也被称为老普林尼，撰写并于公元1世纪出版了《自然史》一书。这本书是古代重要植物的最早目录之一，描述了1 000多种植物。随着越来越多的植物被发现，植物分类也变得越来越复杂。其中最早的植物分类学家是意大利植物学家克萨皮纳斯（Caesalpinus，1519—1603）。1583年，他根据各种属性，包括叶的形成、种子或果实的存在与否，为超过1 500种植物进行分类。

　　约翰·雷（John Ray, 1627—1705）是第一位基于植物多种相似之处和特别之处进行分类的植物学家。他的著作《植物通志》，在1686年和1704年之间陆续出版，详细地对超过18 000种植物进行了分类。该书区分了单子叶开花植物与双子叶开花植物。法国植物学家J.P.德·图内福尔（J.P. de Tournefort, 1656—

1708）最早将"属"表征为一个分类等级,介于科和种之间。图内福尔的分类系统包括700个属9 000种。瑞典生物学家卡尔·林奈（Carolus Linnaeus, 1707—1778）于1753年出版了《植物种志》,它基于繁殖特征将植物分为24类。林奈创立的双名法命名系统现在仍然是使用最广泛的动植物分类系统。它是一种人工分类系统,所以它往往不能反映物种之间的自然联系。

18世纪末,几种天然的分类系统建立起来了。法国植物学家安托万·劳伦·德·朱西厄（Antoine Laurent de Jussieu, 1686—1758）出版发表《植物属志》。《植物界自然系统概论》这本巨作的写作始于1824年,由瑞士植物学家奥古斯丁·彼拉姆斯·德·堪多（Augustin Pyrame de Candolle, 1778—1841）主持并于50年后完成。另一本《植物属志》其内容陆续出版于1862年和1883年,由英国植物学家乔治·边沁（George Bentham , 1800—1884）和约瑟夫·道尔顿·胡克爵士（Sir Joseph Dalton Hooker, 1817—1911）发表。

查尔斯·达尔文（1809—1882）的进化论在19世纪后期开始影响分类系统。第一个主要的植物分类系统在19世纪末提出。《植物自然分类》是最完整的一个植物分类系统,直到20世纪仍在使用,由德国植物学家阿道夫·恩格勒

一只保存在琥珀中的蚂蚁。琥珀是树木的树脂化石。琥珀矿藏主要来源于波罗的海地区与多米尼加共和国

（Adolf Engler，1844—1930）和卡尔·普兰特（Karl Prantl，1849—1893）1887年至1915年发表。他们的系统能够识别约100 000种植物，通过假定的进化序列系统来给植物进行分类。

分类系统在20世纪也有所进展。一些分类系统主要关注植物中的某些群体，尤其是开花植物，而不是所有的植物。查尔斯·贝西（Charles Bessey，1845—1915）是美国第一个在20世纪初涉足分类系统的科学家。支序分类学是最新的分类方法之一。它通常被定义为一组确定分序图的概念和方法，这些支序图描绘了进化树的分支。

▶ 陆地植物的起源是什么？

许多科学家认为，陆地植物由绿藻进化而来。绿藻，特别是轮藻类，与植物有许多共同的生化和代谢特征。两者都包含相同的光合色素类——胡萝卜素、叶黄素以及叶绿素a和叶绿素b。纤维素是植物和藻类细胞壁的主要成分，能将多余的碳水化合物转化为淀粉来储存。

▶ 一株植物如何变成化石？

石化与否取决于生物生长在哪里和它们是以什么样的速度被沉积物覆盖。很少有古植物学家能找到整株植物的化石，通常只能发现植物的一部分成为化石。石化发生有许多不同的方式。常见的一些石化方法会形成压型化石、印痕化石、铸型化石。

压型化石通常形成于水中，重沉积物压平了树叶或其他植物组织。沉积物的

▸ 琥珀如何提供有关生物历史的资料？

被困在琥珀中的生物可以提供古老的DNA，能够从中获取更多的关于古生物的信息。这是电影《侏罗纪公园》的创作基础！

重量将存在于植物组织中的水分挤出,只留下一层薄薄的组织。印痕化石是生物有机体留下的印记,有机体的残骸已经被完全损毁,只留下植物的轮廓。当动物或植物组织被硬化沉积物包围时,就形成了化石模具和铸模。此后植物组织被腐烂。这种由组织创造出的中空负片被称为模具。当化石模具中充满了沉积物时,随着时间的推移,沉积物往往会与模具的轮廓一致,这样形成的化石被称为铸型化石。

▶ 石化木是怎样形成的?

当含有溶解矿物质(如碳酸钙和硅酸盐)的水渗入木材或植物中时,就有可能形成石化木。外来物质代替或包裹着生物有机体,所以植物的结构细节得以保留。这个过程往往需要数千年。植物学家发现的这些化石是非常重要的,因为它们让人们有机会对已灭绝植物的内部结构进行研究。经过时间的推移,植物或木材似乎已经变成了石头,但它们原有的外形和结构被保留了下来,从实际上来说,它们并没有变成石头。

▶ 什么是琥珀?

琥珀是树木的树脂化石。树脂是黏性材料,经常从松树树干渗出。树脂干燥后变硬,是松节油和松香的来源。树脂主要来自贝壳杉。半透明的材料从树木中显露出来,多为深橙色或黄色的块状物。这些块状物可能重达45 kg。琥珀的主要矿藏位于波罗的海地区和多米尼加共和国,也在美国的阿巴拉契亚中部地区发现过琥珀矿藏。史前昆虫能一直完好地保存在琥珀中,碎片中甚至可能包含昆虫完整的DNA。琥珀是唯一的植物来源宝石。

▶ 什么是植物的世代交替?

所有的植物都表现出二倍体孢子体和单倍配子体的世代交替。通过减数分裂,孢子体产生单倍体的孢子。孢子发育成多细胞的单倍体个体,被称为配子体。孢子是配子体产生的第一个细胞。配子体通过有丝分裂产生配子。雄配子和雌配子融合形成合子,合子成长为孢子体。受精卵是下一代孢子体的第一个细胞。

▶ 谁最先证实了世代交替?

19世纪中期,德国植物学家威廉·霍夫迈斯特(Wilhelm Hofmeister,1824—1877)最先证实了世代交替,他研究了苔藓植物、蕨类植物和种子植物。

▷ 什么是异型孢子植物?

异型孢子植物产生两种类型的孢子:小孢子和大孢子,它们分别发育成雄配子体和雌配子体。1580年意大利医生普洛斯彼罗·阿尔皮尼(Prospero Alpini,1553—1616)发现植物生命存在雄性和雌性两种形式。

苔 藓 植 物

▷ 在哪里能发现苔藓植物?

藓类、苔类和角苔,统称为苔藓植物,通常在潮湿的环境中被发现。然而,它们中有一些几乎能在所有的环境中生存,从炎热干燥的沙漠地区到南极洲中最冷的地区。当它们生长成浓密的一大片时是最引人注目的。

▷ 苔藓植物的主要特征是什么?

苔藓植物一般是小型、紧凑的植物,很少长高到超过20 cm。它们有类似叶状、茎状和根状的部分,缺乏维管组织(木质部和韧皮部)。多数苔藓植物有假根和角质层、细胞外壳,用来保持产生精子、卵子结构周围的水分,还有保留孢子体的大型配子体。它们需要水进行有性生殖。在自然界中,它们以抢眼的绿色而著称。

▶ **在苔藓植物的生命周期中,以孢子体为主还是以配子体为主?**

在所有的苔藓植物——藓类、苔类和角苔的生命周期中,配子体的形态是最明显的,占据优势地位。一层青苔由单倍体的配子体组成。孢子体通常较小,只在苔藓植物生命周期中的一部分时间里存在。

▶ **哪一种苔藓植物与绿藻的关系最密切?**

相较于其他任何植物群,角苔类与绿藻类的关系最密切。角苔类细胞通常有单一、大型的有淀粉核(含淀粉的颗粒状体)的叶绿体,类似于绿藻类。藓类和苔类植物,与所有的其他植物类似,因为它们的每个细胞都有许多圆盘状的叶绿体。

▶ **假根的用途是什么?**

假根是藓类、苔类和角苔类的特征。假根是细长的无色突出物,通常由单个细胞或几个细胞构成。它们可以从藓类、苔类和角苔的基质中吸收水分。

▶ **苔类的英文名字暗示了它们的什么特征?**

苔类植物命名于中世纪,当时草药医生遵循的理论研究方法被称为"形象学说"。这一观点的核心理念是,如果一个植物的某个部分与人体的某个部分类似,那么它对于治疗该器官或部位的疾病将会是有帮助的。叶状苔类植物的叶状体与人体的肝叶形状相似。因此,依据此学说提出的理论,这种植物被用来治疗肝病。"肝"(liver)加上"草药"(wort),组成名为"苔"(liverwort)。

▶ **从生态学的角度看苔类的价值是什么?**

苔类植物为动物提供食物。由于其保持水分的能力,它们还有助于原木腐烂和将岩石分解形成土壤。

▶ **哪些植物被误认为是苔藓植物？**

不是所有的被称为"苔藓"的植物都是苔藓植物。爱尔兰苔藓（角叉菜）及其相关物种实际上是红藻。冰岛苔（冰岛地衣）和驯鹿苔（鹿蕊）属于地衣。石松（石松属）是无种子的维管植物，西班牙苔藓（松萝凤梨）是菠萝族的开花植物。

▶ **为什么苔藓植物很重要？**

苔藓是分解者，它们分解基质，释放养分，供给更复杂的植物群利用。苔藓植物在防止水土流失中起着重要的作用。它们通过覆盖地面和吸收水分来实现这一功能。苔藓也是空气污染的指示灯。空气质量差的条件下，苔藓就难以生存。泥炭被用作家庭取暖和发电的燃料。苔藓植物是最先在被火灾毁灭的区域或火山喷发区域恢复生长的生物。

▶ **洞穴苔藓有什么不寻常之处？**

洞穴苔藓（光藓）是一种小型植物，其顶端有反光的接近球形的细胞。这些细胞发出一种奇异的金黄色或绿色的光辉。在日本，这种植物已成为众多的书籍、电视节目、报纸和杂志文章甚至一部歌剧的主题！在北海道海岸附近，有一座国家纪念碑纪念这个物种，它们就生长在附近的一个小洞穴中。

▶ **苔藓植物如何作为指示生物？**

指示生物是指由于环境的变化，体内会产生化学、生理或行为上的变化的生物。灰藓属的苔藓植物对污染物特别敏感，尤其是对二氧化硫。因此，大多数城市和工业区都难以发现苔藓植物。藓类和苔类植物，特别是柏状灰藓，曾作为指示生物用于监测1986年切尔诺贝利核电站事故的放射性影响。

▶ **苔藓植物在经济学上有什么重要性？**

苔藓植物在各种工业领域得到应用。不同种类的苔藓用作家具填料、土壤

霍利沼泽。泥炭藓（泥炭藓属）主要生长在沼泽中，并且由于其能增加土壤保水能力而受到园丁的青睐

根据化石记录,石松是目前最古老的一组无核、维管植物。

改良剂,以及用作减震的缓冲材料和油泄漏后吸收油污的材料。

▶ 泥炭藓的用处是什么?

泥炭藓(泥炭藓属)主要生长在沼泽中,因为其能增加土壤的保水能力而受到青睐。其叶状部分有大量死细胞,它能够吸收的水分是棉花植株的五倍。泥炭藓被花商用作保湿垫,使其他花草保持潮湿。某些泥炭藓也有药用价值,一些土著人使用泥炭藓作为消毒剂。由于其吸水性,它还被当作尿布使用。泥炭藓为酸性,是理想的伤口敷料。第一次世界大战期间,英国士兵超过100万处创伤使用了泥炭藓作为伤口敷料。北美原住民使用提灯藓属、真藓属植物治疗烧伤。在欧洲,卷毛藓属用于屋顶防水。

蕨类及相关的植物

▶ 第一种维管植物(vascular plant)是哪种?

英文单词vascular来自拉丁词vasculum,意思是"血管"或"导管"。有人认为,第一种维管植物是莱尼蕨门的成员,4亿年前莱尼蕨门植物繁盛一时,但现在已经灭绝。由古植物学家伊莎贝尔·库克森(Isabel Cookson, 1893—1973)命名的、已灭绝的库克森蕨属被认定为第一种维管植物。这些植物只有几厘米高,它们的茎中存在输水细胞,但是没有根和叶。

▶ 无种子的维管植物有哪4种?

无种子维管植物包括蕨类植物门、裸蕨门、石松植物门、节蕨植物门。

▶ 维管植物有哪些主要特征?

维管植物有叶、根、角质层、气孔、特异的茎和进行有效传导的组织，而且在大多数情况下会有种子。它们的孢子体大，具有一定优势且可独立营养。

▶ 古代植物与煤的形成之间有何联系?

煤是远古植物形成的有机物质。今天开采的大多数煤炭是由史前原始陆生植物的残骸形成的，特别是存在于约3亿年前的石炭纪时期的植物残骸。煤

今天开采的大多数煤炭都是由史前原始陆生植物的残骸形成的；特别是那些生活在石炭纪时期的植物——大约是3亿年前植物的残骸

炭主要由五种植物形成。前三种都是无种子的维管植物：蕨类、石松类和楔叶类。还有两种是现在已灭绝的种子蕨类植物和原始的裸子植物。这些植物组成的群落位于地势低洼、定期被水淹的沼泽地区。当这些植物死去后，原本会被分解，但是因为它们的残骸位于水中，所以未被完全分解。经过一段时间，腐烂的植物就会积累和固化。在每次周期性的洪水后，都会在原有的植物体沉积上添加一层新的沉积物。上部沉积层中积累的热量和压力作用于下部沉积层，最终将植物体残骸转化为煤。各类煤（褐煤、烟煤、无烟煤）是不同的温度与压力作用形成的产物。

▶ 在无种子的维管植物生命周期中，例如蕨类植物，是孢子体还是配子体占优势？

无种子的维管植物表现出异型二倍体阶段和单倍体阶段组成的世代交替现象。无种子的维管植物的生命周期中以孢子体阶段为主。人们往往认为孢子体阶段属于"植物"，例如树和花，人们一看到孢子体就会把它们与植物联系在一起。

▶ 光线是如何影响蕨类植物配子体的生长和发育的？

光线调控着蕨类植物的孢子萌发。在红光光谱（约700 nm）内的光线诱导孢子的萌发，而在蓝光光谱内的光线抑制孢子的萌发。红光能诱导根尖的生长和促进趋光性，增加有丝分裂的间隙期和延缓细胞分裂时细胞板的形成。相反，蓝光能抑制这些现象。

▸ 在烹饪中蕨菜是怎么使用的？

蕨菜有耐嚼的质地，集芦笋、青豆和秋葵的风味于一身。它们可被蒸、煨或嫩煎。它们通常被当作配菜。嫩的蕨菜也可以做成沙拉生吃（但蕨菜不宜大量食用——译者注）。

▶ 薄囊蕨类植物的孢子有什么特殊之处？

薄囊蕨类是北美最常见的蕨类植物。薄囊蕨类的孢子囊都比较小，由单个表面细胞产生，并有纤弱的茎和薄的孢子囊壁。每个薄囊蕨类植物的孢子囊中的孢子数量都是4的倍数，在16至512之间，大多数是16或32，是具同型孢子的物种。每株植物能产生数以百万计的孢子。每一个孢囊群有很多的孢子囊，每片叶子上都有数量巨大的孢囊群。一株成熟的沼泽蕨属的齿牙毛蕨（ *Thelypteris dentate* ）每个季节能产生超过5 000万个孢子。

▶ 什么是蕨菜？

它是一种蕨类植物，通常属于二倍体或孢子体。它有根状茎，根状茎是水平生长的地下茎。地下茎生成根与被称为"复叶"的叶子。当幼嫩的叶状体破土而出时，它是紧紧盘绕着的，酷似小提琴的顶部，故名为蕨菜（译注：在英文中有"提琴头"的意思）。

▶ 为什么木贼草又名"擦洗草"？

木贼草的表皮组织中含有磨料硅颗粒。木贼草被美国土著民用来擦拭弓箭。早期的北美移民在溪边擦洗锅碗瓢盆时，也使用当地盛产的木贼草。

▶ 哪种石松门植物又被称为"还魂草"？

鳞叶卷柏（ *Selaginella lepidophylla* ），生长在美国的西南部和墨西哥的沙漠中，因为它不惧严重干旱的环境而能生存下来，所以被称为"还魂草"。在干旱的时候，这种植物会形成一个紧密的、干燥的球。当雨水来临时，它的枝叶张开变绿，并进行光合作用。

▶ 在早期摄影中无种子的维管植物起到了什么作用？

在闪光灯发明之前，摄影师使用的闪光粉几乎完全来自石松属蕨类植物的干燥孢子。

裸子植物

▶ **什么是裸子植物? 哪些植物属于裸子植物?**

裸子植物(英文名称gymnosperms的一半来自希腊语gymnos,意思是"裸露";另一半来自希腊语sperma,意思是"种子")产生的种子完全暴露在外。裸子植物分为四个门:松柏植物门,包括松树、云杉、冷杉和铁杉;银杏门,由单个物种银杏组成;苏铁植物门,苏铁目或观赏植物;买麻藤门,是一些不常见的藤蔓和树木的集合。

▶ **哪种植物是现存最古老的树种?**

银杏属,俗称银杏树,是现存最古老的树种。银杏树原产于中国,在中国它已经存活了很多个世纪。它从没有在野外被发现,如果没有被人工培育,它可能已经灭绝。两亿年前的银杏化石表明,现代银杏树与它的祖先几乎完全相同。21世纪初,仍然存在于世的银杏科植物只有一种,即银杏。雌性的银杏树产生种子,种子的肉质覆盖物带有明显的臭味。园艺师更喜欢培植雄性银杏,这可以避免雌性银杏产生的气味以及由此带来的麻烦。

▶ **哪种植物生成的种子果球最大?**

最大的果球是由苏铁产生的,它们可能达到长0.91 m,重达15 kg。

▶ **什么是紫杉醇?**

紫杉醇是一种用于治疗卵巢癌的药物。它能在细胞分裂的早期"冻结"癌细胞。紫杉醇是从生长在太平洋的西北部的一种裸子植物——太平洋紫杉的树皮中得到的。因为太平洋紫杉是一种生长缓慢的小型树种,且未被大量发现，所以研究者已经开始人工合成紫杉醇。

▶ 杉木、松木、云杉树有哪些特征？

可以通过它们的松果和针叶来辨别这几种植物的不同。

表1.3 杉木、松木与云杉的特征

物 种	针 叶	松 果
胶冷杉	针叶长2.5～3.8 cm，扁平，彼此成对排列	直立，圆柱形，长5～10 cm
蓝云杉	针叶长2.5 cm，从枝条各个方向生长，银蓝色，非常坚硬并且多刺	长8.9 cm
花旗松	针叶长2.5～3.8 cm，生长奇特，而且非常软	外表面有毛
冷 杉	类似于胶冷杉，但是更小、更圆	直立，长4～6 cm
欧洲赤松	每束两个针叶，针叶是硬的，黄绿色，长3.8～7.6 cm	长5～12.5 cm
美国五针松	每束有5片针叶；针叶很软，长7.6～12.7 cm	长10～20 cm
白云杉	深绿色的针叶很硬但是不刺人，针叶从树枝的各个侧面生长，长度都小于2.54 cm	长2.5～6.4 cm，并且是下垂的

▶ 在北美哪种针叶树会在冬天落叶？

水杉属的树是落叶的。它们的叶子在夏天是明亮的绿色，在秋季凋落之前会变成铜红色。以前人们只在化石中发现这个树种，这个树种是1941年在中国被发现的，自20世纪40年代之后，移植到美国。美国农业部将种子分给美国的实验种植者，现在水杉已经遍布全美。美国本土会在冬季落尽叶子的针叶树只有落羽杉和落叶松。

▶ 松树的松针永远不会落吗？

松针成组出现，称为束，一般一束有两根到五根松针。有些松树每束只有一在松树的生命周期中，是孢子体占优势还是配子体占优势？

在种子植物进化过程中，陆地适应性的关键之一，是在繁殖过程中孢子体世代的优势增加。成熟的松树就是孢子体状态。

根针，而另一些则多达八根。不论针的数量多少，都有一束呈圆筒形的短枝，在其基部被小的鳞状的叶片包围，这些鳞片状的叶通常生长一年后脱落。每过两到十年，有些松针中心簇也会脱落一些。所以任何松树，看起来是常青的，其实每二年至四年它们的松针会完全换一遍。

▶ **产生一个成熟的松果需要多长时间？**

从锥形幼体出现在树上到它们成熟，需要近三年。松树的孢子囊位于鳞片状的孢子叶上，被紧紧地包裹进被称为"球果"的结构中。松柏类植物，像所有的种子植物，是异形孢子，即雌、雄配子体的发育发展是由不同的球果产生的孢子发育而来。小花粉球果产生小孢子，发育成雄配子体或花粉粒。大的具胚珠的球果产生大孢子，大孢子发育为雌配子体。每棵树通常有两种球果。这个为期三年的过程会产生雄性和雌性配子体，它们通过授粉结合在一起形成受精胚珠，受精胚珠形成成熟种子作为终点。具胚珠的球果鳞片脱落分离，种子被风吹散。一粒种子停留在可以生存的地方，其胚胎就变成一株新的松苗。

▶ **铁杉有毒吗？**

有两种常见的铁杉：钩吻叶芹和加拿大铁杉。钩吻叶芹是一种草本植物，它所有的部分都是有毒的。在古代，人们使用微小剂量的这种植物用于缓解疼痛，即使这样，也有很大的中毒危险；有时，钩吻叶芹也被用来执行死刑。古希腊哲学家苏格拉底被判死刑，必须喝下用铁杉类植物制成的药水。这种有毒的物种不应该与加拿大铁杉混淆。加拿大铁杉是常绿树家族的成员，它没有毒性，叶子常被用来制成茶。

▶ 巨杉只发现于加利福尼亚州吗？

虽然有些红杉生长在俄勒冈州南部，但绝大多数巨型红杉都生长在加利福尼亚州。与这种红木最亲近的物种是发现于亚洲地区的日本雪松。这棵树长到了45.7 m高，胸径7.6 m。有两种红杉属植物，通常被称为红木和红杉。它们可以在红木国家公园或红杉国家公园内看到。在美国红杉国家公园，最令人印象深刻的那棵树被称为谢尔曼将军树。它高83 m，直径有9.75 m，胸径30.8 m。树的重量估计超过6 000吨。美国红杉国家公园另有树木高度超

虽然这些巨大的红杉树的尺寸好像在暗示，它们是由非常坚硬的木材构成的，但事实恰好相反。作为木材，这些树木是无用的，因为一旦遭受敲击，它们就会碎成细碎的不规则小木片

过90 m，但更细长。谢尔曼将军树已经有4 000岁，是仅次于狐尾松的最古老的生物。大约1.5亿年前，这些大树遍布北半球。虽然这些巨树的尺寸好像在暗示它们是由非常坚硬的木材组成，但事实正好相反。作为木材，这些树木是无用的，因为它们很脆，受到敲击时会碎成细碎的不规则小木片。也许这个弱点正是这么多的巨杉仍然存在而没有被伐木工人砍伐的原因。

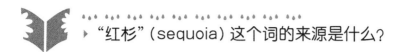

▶ "红杉"（sequoia）这个词的来源是什么？

该词由奥地利植物学家史蒂芬·恩德利希（Stephen Endlicher，1804—1849）提出，以纪念十八世纪切罗基族领导者希科雅（Sequoyah，约1770—1843），纪念他为切罗基族语言开发了一个有83个字母的系统。

▶ 裸子植物有哪些经济价值？

世界木材产量的75％来自裸子植物，它们被大量用于造纸。在美国北部，白云杉是新闻纸和其他纸张纸浆的主要来源。其他云杉木材用于制造小提琴和类似的弦乐器，因为它们能产生理想的共振。花旗松出产的木材最多，也是世界上质量最好的木材。这类木材木质坚硬，树结比较少。这种木材的使用范围包括构建房屋，生产胶合板、房梁、纸浆、铁路枕木、箱子、板条箱。由于大多数自然生长的花旗松已经被采伐，现在它们在人工种植的森林里大量生长。而红杉木材可用于家具、栅栏、立柱、一些建筑，同时具有多种园林用途。

除了应用于木材和造纸行业，裸子植物对于制造树脂和松节油也很重要。树脂，是松柏类树脂中的黏性物质，是由松节油、溶剂和一种叫松香的蜡状物质构成。松节油是一种优良的油漆和清漆的溶剂，也用于制造除臭剂、剃须霜、药物和柠檬烯——一种用于食品工业的柠檬香料。树脂有很多用途：棒球投手使用以紧握他们的球柄；握拍的击球手使用以提高他们对球拍的握力；小提琴应用树脂增加弓与弦的摩擦力；舞者使用树脂来增加他们的鞋在舞台上的抓地力。

被子植物（显花植物）

▶ 是什么因素促成种子植物成功繁衍？

在繁殖过程中，被子植物的精子游向卵子无须借助液体。花粉和种子能让它们遍布几乎所有的陆地生境。种子植物花粉粒中的精子，通过风或昆虫等传粉者传递至卵子。种子是受精卵，一直受种皮保护，直到有种子萌发和生长的合适条件。

▶ 已知最古老的花的化石是什么？

已知的全世界最早的花的化石发现于1986年。这种开花植物来自澳大利亚墨尔本附近1.2亿年前的库瓦若化石层。花化石是一项重要的发现，因为花的所有部分都连接在一株完整的植物上。这块化石类似一株小黑胡椒植物，不到30 cm高。古植物学家认为，这种植物的花代表一类开花植物的祖先。

▶ 最早的开花植物是什么？

科学家还不能确切知道哪种植物是世界上最早的开花植物，但很多人猜测认为是一种香蒲——宽叶香蒲，一种今天仍能见到的物种。虽然看起来像一种芦苇，但它实际上是一种开花植物。它的花极其微小，花瓣和萼片是由一些刺毛组成的。

▶ 被子植物分为哪两大类？

被子植物的物种数很多（约240 000种），主要分为双子叶植物和单子叶植物两大类。双子叶植物和单子叶植物的区分是基于植物胚芽中出现的第一片叶子。单子叶植物的胚芽仅有一片子叶，而双子叶植物有两片子叶。世界上大约有65 000种单子叶植物和175 000种双子叶植物。兰、竹、棕榈、百合、谷物和很多种草都是单子叶植物。双子叶植物包括大部分非松柏类的树木、灌木、观赏植物和许多种粮食作物。

▶ **双子叶和单子叶植物主要区别是什么?**

种子的叶子,也叫子叶,在双子叶植物和单子叶植物中是不同的。单子叶植物有一个子叶,而双子叶植物有两个子叶。其他方面的差异,如下表所示。

表1.4 单子叶植物与双子叶植物的区别

	子 叶	叶 脉	茎	花	根	举 例
单子叶植物	一个子叶	通常为平行脉	维管束分散排列	花的组成部分的数目通常是3的倍数	须根系	谷物、百合、菠萝、香蕉
双子叶植物	两个子叶	通常为网状脉	维管束集中在一个环上	花的组成部分的数目通常是4或5的倍数	通常直根系	豌豆、玫瑰、向日葵、白蜡

收割小麦。小麦是世界上种植范围最广的谷类作物

▶ 被子植物中最重要的科是什么?

被子植物,俗称开花植物,包括禾本科植物。禾本科植物比任何其他科的开花植物更加重要。栽培的可食用的禾本科植物,被称为谷物,是大多数人类文明的主要食物。小麦、水稻、玉米是世界上种植范围最广的粮食作物。其他重要的谷物还有大麦、高粱、小米、燕麦、黑麦等。

▶ 在世界上种植范围最广的谷物是什么?

小麦是世界上种植范围最广的谷物;谷物粮食供给世界人口所需的大部分的营养物质。小麦是一种最古老的家养植物,有人认为它为西方文明奠定了基础。人工培育小麦起源于9 000年前的近东地区。小麦在每年有300～900 mm的降水量和相对凉爽的温带草原生物群落区生长最佳。重要的小麦生产国有阿根廷、加拿大、中国、印度、乌克兰和美国。

▶ 哪些被子植物具有经济价值?

被子植物出产木材、观赏植物以及各种各样的食物。一些重要的经济植物的例子如表1.5所示。

表1.5　重要的经济植物

常见的科名	属　名	经济学重要性
葫　芦	葫芦科	食物(瓜类)
草	禾本科	谷物、草料、观赏植物
百　合	百合科	观赏植物、食物(洋葱)
枫　树	槭树科	木材和枫糖
芥　菜	十字花科	食物(卷心菜和西兰花)
橄　榄	木犀科	木材、油和食物
棕　榈	棕榈科	食物(椰子)、纤维、油、蜡、家具
蔷　薇	蔷薇科	水果(苹果和樱桃)、观赏(玫瑰)
大　戟	大戟科	橡胶、药用(蓖麻油)、食物(木薯)、观赏植物(一品红)

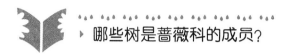

哪些树是蔷薇科的成员?

苹果、梨、桃、樱桃、李子、花楸树和山楂树都是蔷薇科的成员。

▶ 什么是榕树?

榕树,孟加拉榕树,原产于东南亚热带地区,是榕属的一员。这是一种华美的常绿植物,可以长到30 m的高度。当这些粗壮的枝干水平伸展时,树的树根会向下延伸发展成次生的柱状体支撑树干。经过几年的时间,一株单独的树及围绕其周边的根叶可能会蔓延到周围610 m的区域。

▶ 猴球树是什么树?

桑橙树(即猴球树)归入桑橙属,能结出巨大的绿色橙子样的果实。果实近球形,直径8.8至12.7 cm,并有粗糙的具卵石状花纹的表面。

▶ 为什么含羞草的叶子被碰触之后会闭合?

当一片含羞草(也被称为"敏感植物")的叶子被触摸后,会产生一种微小的瞬时电流,这种电流会迅速传递到每个叶片基部的细胞中。当信号到达细胞,细胞中所含的水就会被释放出来。由于失水,叶片就会向下坍塌。

▶ 生长最快的陆生植物是什么?

竹(刺竹属),原产于东亚的热带、亚热带地区以及太平洋和印度洋的一些岛屿,是生长最快的植物。竹子24小时内可以长高1 m。这种快速增长部分是通过细胞分裂生成的,部分则是通过细胞扩大产生的。

▶ 如何基于木材识别一种植物的属和种？

通过木材木质部植物细胞的排列可以鉴定植物的属。例如，橡树（栎属）的木材质地致密，因为它有丰富的纤维。

▶ 哪一种树在美国是长寿树种？

在美国850多种树木中，最古老的物种是狐尾松。这种树生长在内华达州和加利福尼亚州南部的沙漠中，特别是在怀特山上，有些树的树龄超过了4 600年。这些松树的寿命预计可达5 500年。但与中国的世界上现存的最古老的树种——银杏树（银杏科）相比，狐尾松是非常年轻的。银杏树最早出现在侏罗纪时期，大约距今1.6亿年前，并且在日本公元前1100年已有人种植银杏树。

表1.6　美国的长寿树种

树　名	平均寿命（y）
狐尾松	3 000～4 600
巨　杉	2 500
红　杉	1 000～3 500
花旗松	750
落羽杉	600

▶ 食虫植物是如何分类的？

食虫植物是吸引、捕捉、消化猎物，吸收猎物的体液作为营养物质的植物，地球上有超过400种的食虫植物，可以根据它们的捕获机制的性质为这些物种进行分类。所有的食虫植物都含有一些诱捕结构，这些诱捕结构其实是进化后的叶子，上面有各种各样的引诱剂（如蜜或者诱人的颜色），可以引诱猎物。在它们捕获猎物时，显示出快速的反应能力。捕蝇草和狸藻用活动的陷阱来囚禁受害者。每一片叶子是一个双面陷阱，每一面上都有毛发状感知器。当毛发状感知器被碰触到，陷阱就会紧紧地包裹住猎物，这是一些主动陷阱。半主动陷阱即在猎物被陷阱的黏液捕捉时，进入了一种两段式的陷阱。这类植物的叶片上

一旦叶子上的毛发状感知器被碰触,捕蝇草就会开启陷阱囚禁它的受害者

密布可以产生黏液的腺毛。当猎物被吸引而来,在黏体中挣扎时,植物被触发慢慢收紧。茅膏菜(茅膏菜属)和捕虫堇(捕虫堇属)都有半主动的陷阱。还有一种是被动的陷阱,它们以花蜜诱捕昆虫。被动陷阱的叶片已进化成一种类似花瓶或水罐的形状。一旦被吸引到叶子中,猎物就会落入蓄积雨水的蓄水池并被淹没。被动陷阱的一个例子是猪笼草(瓶子草属)。北卡罗来纳州东南部的绿色沼泽自然保护区拥有许多种类的食虫植物。

▶ 睡莲(亚马孙王莲)的独特之处是什么?

它非常大!这种睡莲只在亚马孙河流域被发现过,这种睡莲的叶子直径可以达到1.8 m。亚马孙王莲的花高达30 cm,在黄昏开放,但只连着开放两晚就凋谢了。

▶ 脐橙是怎样起源的?

脐橙是无籽橘子。19世纪早期,在巴西果园的一棵树上结出了无籽果实,而在果园里的其他树结着有种子的橙子。这种自然发生的突变产生了我们现在所说的脐橙。把突变的树芽嫁接到另一棵橙子树上，产生无籽果实的枝条移植到其他的树上，很快就形成了脐橙树果园。每一棵脐橙树都是由首次产生变异的果实的那棵树而来。

▶ 橙树可以产橙子多久？

平均一棵橙子树能生产50年的水果，但能有80年的生产力的也不罕见，已知有几棵果树在一个多世纪后仍能结果。一棵橙树通常的高度能达到6 m，但是有些树高达9 m。橙树能在各地土壤中生长良好，但亚热带更适合它们。

▶ 无核葡萄是怎么种植的？

无核葡萄不能以葡萄通常繁殖的方式（即播种）繁殖，种植者必须从做种的植物中截取插条，进行扦插，然后种植下植物的扦插苗。无核葡萄来自一个自然发生的突变，这个突变使得葡萄中原先坚硬的种子外壳无法发育。虽然无核葡萄的确切起源尚不清楚，它们可能是数千年前在今天的伊朗或阿富汗第一次被种植。目前，90%的葡萄干是由汤普森无籽葡萄制成的。

▶ 无籽西瓜是自然形成的吗？

历经50年的研究后，无籽西瓜在1988年被首次引进美国。无籽西瓜需要有籽西瓜的花粉。农民经常将有籽西瓜和无籽西瓜近距离种植，靠蜜蜂将花粉传到无籽西瓜植株上。"白色"的种子被称为"豆荚"，在无籽西瓜中用来包着受精卵和胚胎。因为无籽西瓜是不育的，不能受精，所以"豆荚"不能像在有籽西瓜中那样硬化成为黑色的种子。

▶ 毒葛、毒橡和毒漆的区别是什么？

这些北美木本植物几乎能生长在任何地方而且在外观上十分相似。它们中的任何一种都有三片叶子交替生长，果实像浆果，茎是褐色的。毒葛（漆属）不是像灌木，而是像藤蔓一样生长，可以长得很高，攀爬在高阔地面的固定物体上，比如树木。毒葛的果实是灰色的，没有"毛"，叶片浅裂。

毒橡的形态通常为灌木，但它也具有攀爬能力。其叶片浅裂，类似橡树的叶子，并且它的果实是多毛的。毒漆仅在北美地区的酸性潮湿沼泽中生长。这种灌木可以高达 3.6 m。它生产的果实悬挂成簇，从灰色到褐色都有。毒漆的深绿叶的交替复叶尖锐锋利；它也有不起眼的黄绿色花朵。人体接触毒藤、毒橡、毒漆的任何部分都可能导致严重的皮炎。

▶ 什么是野葛？

野葛是在 1876 年费城百年博览会上，美国从日本引进的一种藤本植物。在 20 世纪 30 年代为了控制水土流失，人们将它们广泛种植在美国南部地区。事实上，联邦政府为了让农民种植它们，每英亩（1 英亩约为 4 047 m²）支付了多达 8 美元的费用。然而，1997 年，政府的态度迅速逆转，把野葛视为"有害杂草"。野葛根会爬满它所遇到的一切物体，像披肩一样遮盖住电线杆和松树。这种植物损害农场和破坏木材生产，每年给美国造成的损失超过 5 000 万美元。它以每年 12 万英亩面积的速度增长。21 世纪初，野葛在美国全境的占地面积于 200 万至 400 万英亩之间，占据区域东至康涅狄格州，西到密苏里和俄克拉荷马，南至佛罗里达州和得克萨斯州。野葛的生长可以快到每天长 30 cm。控制野葛生长的新方法是让山羊啃它，吃掉它的叶子和茎根。

▸ 如何杀死野葛？

可以通过喷洒或用盐水溶液处理杀死野葛。要杀死大片野葛，可以先砍折位于地面或低于地面的藤蔓，然后把其底部浸泡在盐水中。两周后可能需要第二次使用该方法。绝对不能烧毁这种植物，其所产生的烟雾和灰可能导致眼睛、鼻腔、肺和其他人体暴露部位发疹。

19世纪后期从日本引种进入美国的有害杂草野葛,因为损害农场和毁坏木材生产,每年给美国造成的损失超过5 000万美元

▶ 什么是多肉植物(succulent)?

这是一个超过30种植物的家族,包括孤挺花、百合和仙人掌科在内的都被称为多肉植物(succulent这个词源自拉丁词succulentis,意思是"肉质的"或"多汁的")。这个家族的大部分成员都具有耐旱性,即使它们生活在潮湿多雨的环境,这些植物也只需要很少的水。

▶ 什么是石化花?

生石花属(Lithops)的几个常用名称广为人知,包括石化花、开花石和活石。生石花属的名字"Lithops"来自希腊词"lithos"和"opsis","lithos"的意思是"石头","opsis"的意思是"面孔"或"外观"。这种植物原产于南非、纳米比亚和非洲的西海岸。这种植物的存在是很难察觉的,它们的外观模仿了它们自然栖息地的岩石。它们一般会有两片肥厚的叶子和一朵黄色或白色的花。石化花在干旱少雨的条件下也能茁壮成长。

应　　用

▶ **有哪些例子可以说明植物在经济上具有重要价值?**

植物来源的材料应用于各行各业,包括造纸、食品、纺织、建筑等。巧克力是由可可的种子,特别是可可树属植物的种子制成的。洋地黄含有用于治疗充血性心力衰竭的强心苷。黑胡椒是从植物胡椒的浆果中提取出来的,浆果干燥后会显露出黑胡椒子,黑胡椒子可以被研磨或碾碎。茶由茶树的叶子制成。亚麻纤维取自植物(亚麻)的茎,用于制造亚麻布,而亚麻籽是常用的亚麻油的来源。纸币是由亚麻纤维制成的!

▶ **$0.01 km^2$ 的树木砍伐和处理后的产品有多少?**

$0.01 km^2$ 的森林大约有600棵树。这些树木可以生产大约23 004 m的木材,超过75 t的纸。

▸ **最大的仙人掌是什么?**

武伦柱,是世界上最大的仙人掌物种,发现于墨西哥的一些地方,以"墨西哥巨型仙人掌"之名著称于世。它可以长到18 m高。仙人掌是一个可以长时间存储水分的独特植物群。仙人掌有粗壮的茎用于存储水和进行光合作用。

▶ 制造一吨纸需要多少木材？

在美国，木浆通常用于造纸。纸浆通常是依据重量来计算价值。虽然用于造纸的纤维来源绝大多数来自木材，但还需要许多其他的成分。制造 1 t 纸，通常需要 7.2 m³ 的木材、208 000 l 的水、46 kg 的硫黄、159 kg 的石灰、131 kg 的黏土、1.2 t 煤、112 kW·h 的电力、9 kg 的染料和颜料，以及 49 kg 的淀粉。可能还需要其他原料。

▶ 每份《纽约时报》的周日版用了多少木材？

超过 0.607 km² 的森林被砍伐，用于制作每个周日版的《纽约时报》。世界大多数的纸来自木材纸浆。在美国平均每个人每年使用 322 kg 纸，或每一天用 900 g 纸。只有不到 50% 的纸张会被回收。回收 1 m 厚的报纸能够节约 10 m 高的树产出的木材。

▶ 哪些树木会被用来做电线杆？

制作电线杆的首选树木是南方松、花旗松、西部红雪松和美国黑松，有时也会使用西黄松、红松、北美短叶松、北部白杉和西部落叶松。

▶ 厨师最喜欢的案板木材是什么？

考虑到案板木材所应具有的弹性，厨师们的首选来自美国梧桐，它也被称为一球悬铃木，此外还有北美悬铃木和美国榛树。美国梧桐这种木材也用于制

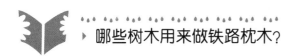

▸ 哪些树木用来做铁路枕木？

很多种树木都会被用作铁路枕木，但是最常用的是花旗松、铁杉、南方松，还有各种橡树和胶树。

作装饰墙面的贴面板、篱笆桩和燃料。

▶ 什么木材用来制作棒球棒?

木质球棒是由美国水曲柳(白蜡树属)制成。这种木材生产的球棒是最好的,因为它质地坚韧并且很轻,有助于将球击打至很远的距离。一棵75年树龄、胸径40 cm的水曲柳,大约可以产出60根棒球棒。

▶ 乳香和没药起源于哪里?

乳香是一种芳香的树脂胶,通过敲打乳香属树木的树干得到。当暴露在空气中时,乳白色的树脂会变硬,形成不规则形状的颗粒,也就是乳香通常被销售时的形式。乳香精油是许多种产品的原料,这些产品包括药品、香水、固定剂、消毒剂和熏蒸剂。没药来自一种没药属的树,原产于非洲东北部地区和中东地区。没药也是一种从树中提取的树脂,它可以用于制药、制香和制造牙膏。

▶ 哪种树木可以用来测定血型?

凝集素——与细胞表面碳水化合物结合的一种蛋白质——被发现于莲类植物和青豆中,可以用来测定一个人的血型。凝集素与存在于红细胞质膜上的糖蛋白相结合。因为不同血型的细胞有不同的糖蛋白,所以每种血型的细胞绑定了一种特定的外源凝集素。

▶ 哪起著名刑事案件与法医植物学有关?

法医植物学是一门鉴定植物和植物产品的学科,这种形式的研究可以用来为法律审判提供证据。使用法医植物学手段最早的刑事案件就有1935年著名的布鲁诺·豪普特曼(Bruno Hauptmann, 1899—1936)的审判,他被指控且后来裁定,对查尔斯和安妮的儿子林德伯格犯有绑架和谋杀的罪行。案件递交的植物学证据集中在绑架案中一个绑匪使用并留在犯罪现场时的自制木梯。经过广泛的调查,植物解剖学家亚瑟·柯尔勒(Arthur Koehler, 1885—1967)证实木梯所用的部分木板来自于豪普特曼家的阁楼上的地板。

▶ 对肉桂的搜寻如何导致了美洲大陆的发现?

克里斯托弗·哥伦布(Christopher Columbus, 1451—1506)是试图找到一条直接通向亚洲的海上航线的许多探险家中的一员。15世纪时,亚洲被认为盛产香料。肉桂等香料在哥伦布时代非常珍贵,一条新的直达亚洲的航线将会给发现者和他的国家带来无尽的财富。

▶ 土豆是如何被引入欧洲而后导致爱尔兰大饥荒的?

土豆(马铃薯属),原产于南美洲,在16世纪中叶首次被引入西班牙。由于土豆的欧洲近亲,如龙葵、曼陀罗和天仙子,被认为是有毒的或引起幻觉的植物,因此它没有成为一种被广泛接受的粮食作物。事实上,所有的马铃薯植株地上部分确实是有毒的,只有块茎可食用。1625年左右,土豆才在爱尔兰成为粮食作物。特别是在18世纪和19世纪早期,穷人往往以土豆作为主食。因为以土豆为主食,所以导致当时的人们对土豆产生了过度依赖。因此当19世纪40年代植物病原菌——致病疫霉摧毁了土豆生产区,就造成了大规模的饥荒。超过100万爱尔兰人死于饥饿或继发疾病;另有150万人离开爱尔兰去往他乡。

▶ 纵观历史,人类是怎样使用莳萝这种植物的?

很长时期内,莳萝一直被作为制作药品的原料。埃及人用莳萝作为一种止痛药。希腊人常用这种草药来治疗打嗝。中世纪时,莳萝是珍贵的东西,因为传说它能提供保护,使人免受巫术的伤害。魔术师和炼金术士用莳萝调制符咒。而在妇女间流传甚广的说法是,喝下加入莳萝的酒能增强性欲。殖民地的居民把莳萝带到了北美,它被称为"'心灵之交'的种子"。因为在教堂长长的布道过程中,经常会给孩子们发放一些莳萝籽,孩子们嚼着莳萝粒就能保持安静。

▶ 从古到今人类是怎样使用茴香的?

罗马人把甘草味的草本植物茴香从埃及带到欧洲,在欧洲曾经可以缴纳茴香来作为税款。茴香现在是一种广受欢迎的调料,用于制作蛋糕、饼干、面包和糖果。

▶ 咖啡产自哥伦比亚和巴西吗?

虽然今天高级咖啡产自中美洲和南美洲的山区,但咖啡树原产于埃塞俄比

工人在采摘咖啡豆。在17世纪被引入欧洲之前,阿拉伯国家的人们已经广泛饮用咖啡了。18世纪在北美和南美开始建立咖啡种植园

 ▶ 三叶草最多能有多少片叶子?

在美国发现了14片叶片的白色三叶草和14片叶片的红色三叶草。

亚。在17世纪被引入欧洲之前，阿拉伯国家就已经普遍饮用咖啡了。18世纪开始在北美和南美建立咖啡种植园。

▶ 哪种野生植物被印第安人用来制作红色染料？

美国原住民用野生植物血根草的根将脸涂红和把衣服染红，因此这种植物也被称为"红根""印第安染料"。血根草，生长于阴暗潮湿的森林土壤中，在五月开花，白色的花朵有5 cm宽。

▶ 哪些植物用来制作染料？

直到19世纪末期，天然材料，包括许多植物，几乎是所有染料的来源。蓝色染料曾经是非常罕有的，它是从靛蓝植物中获取的。另一种价格昂贵的染料是红色染料。茜草是一种优良的红色染料的来源，曾用于英国军队所使用的著名的"红大衣"。其他的更常见的、天然染料的植物来源如下表所示。

表1.7　天然染料的植物来源

通 用 名	学 名	植物使用部分	颜 色
黑胡桃	*Juglans nigra*	外 壳	深褐色,黑色
波斯菊	*Coreopsis*	花	橙 色
丁 香	*Syringa*	紫 花	绿 色
紫甘蓝	*Brassica oleraceacapitata*	外层叶片	蓝色,淡紫色
姜 黄	*Curcuma longa*	根 茎	黄 色
黄洋葱	*Allium cepa*	褐色的外层叶片	焦橙色

▶ 什么是艾草？

苦艾，也被称为艾草，是一种耐寒的多年生芳香植物，高6～1.2 m。艾草原产于欧洲，但被引种后已广泛种植于美国。苦艾酒，一种酒类，是蒸馏后使用该植物调味的酒。20世纪初苦艾酒在美国被禁饮，当时它被认为会使人上瘾，危害人的健康。

▶ "曼陀罗"名字的起源是什么？

曼陀罗（Jimson weed）是另一个名字"詹姆斯敦草（Jamestown weed）"的讹误。弗吉尼亚州的殖民地詹姆斯敦的居民，非常熟悉这种杂草。它也被称为闹羊花、疯狂果、臭草、天使号角、魔鬼的喇叭和白人草。这种植物的每一部分都是有毒的，即使少量摄入，也会有致命的危险。即便如此，人们还是从该植物中提取到了一些生物碱，它们被医生用作麻醉剂。

▶ 在美国北部每年哪一种植物最早开花？

在美国北部春天盛开的第一朵花很少被人见到，因为它盛放在沼泽里。北美臭菘二月份出现在北部的沼泽。在新英格兰和美国的中西部，每年首次盛放的野花是獐耳细辛，它也被称为肝叶草，在三月或四月上旬开花。

▶ 北美臭菘的什么特性致使它能最早开花？

北美臭菘会在地上还有雪的时候就开花。该种植物的根像一个代谢熔炉，为花芽提供热量。当它长高推开冻土时会融化周围的雪。植物学家一直无法确定这种现象的原因，出现了几种不同的理论。一些专家认为这是一种特殊的对寒冷气候的适应，其他人猜测，这是一种热带植物特征的进化残余。

▶ 小麦的哪一部分被用来制成面粉？

小麦是一种单子叶植物，它的果实，也就是麦粒或谷粒，包含一粒种子。小麦的胚乳和胚芽周围被种皮包裹。小麦籽粒重量的80%以上由含淀粉的胚乳组成。白面粉是通过研磨胚乳制成的。小麦籽粒重量的14%是麦麸，它也被称为糊粉层，位于麦粒的表层和最外层。小麦胚芽是小麦植株的胚芽，约占小麦籽粒重量的3%。虽然有近二十多种小麦，但商业应用中的最重要的是普通小麦和硬粒小麦。普通小麦这一品种占据世界小麦种植量的90%。硬粒小麦占

▶ 春小麦和冬小麦的区别是什么？

小麦是一类有多个品种的一年生植物。春小麦是夏季一年生的植物，种子在春天播种，在同年秋天收获。冬小麦是冬季一年生的植物，种子在秋天播种，会形成一个繁茂的根系，一直生长直到天气变得很冷。已经建立的根系在次年的春天能快速生长，在初夏收获。

5%～7%，其他品种占据了剩下的份额。

▶ 植物对人类的饮食贡献有多大？

在美国和西欧，大约人体摄入总热量的65%和蛋白质的35%是从植物或植物产品获得。大豆是高蛋白质植物的代表。在发展中国家，一个人摄入的饮食中，几乎90%的热量和超过80%的蛋白质来自植物。

▶ 原产于中美洲和南美洲的哪种植物既可以用作毒药又可以用作治疗药物？

南美防己，是产生箭毒的植物，有促进伤口愈合的药性，同时也有一定的毒性。在中美洲和南美洲，这种植物曾被许多不同印第安人部落用来制作一种有毒的混合物。有毒的茎和根被碾碎并煮熟，一直煮到类似糖浆的状态。印第安人部落经常在进入战斗前把箭和其他武器浸在毒膏中。然而，这种植物的根也有促进伤口愈合的特性。特别是在巴西，它作为一种利尿剂和退烧药，通常用于治疗组织炎症、肾结石、跌打损伤、挫伤、水肿等。

▶ 丝瓜海绵是什么？

丝瓜是葫芦科的草质藤本植物。在这种植物的果实里面往往有一个纤维骨架,因而经常被用作海绵。当这种材料被作为海绵使用时,常被称为"丝瓜络"。"植物海绵"是丝瓜络的另一个常用名。

▶ 哪些植物常用于香水行业?

香水是多种香味混合物。虽然许多香水是合成的,但是昂贵的香水仍然使用从植物中提取的天然精油。香水业会使用植物的各个部位,创造一种独特的混合香气。

表1.8　萃取精油常用的植物原料

植物器官	来　源
树　皮	印尼和锡兰肉桂及桂皮
花	玫瑰、香橙花、康乃馨、依兰花、紫罗兰和薰衣草
树　胶	香脂树和没药树
叶子和茎	迷迭香、天竺葵、香茅、柠檬草和各种薄荷
根　茎	姜
根	檫树
种子和果实	橙、柠檬和肉豆蔻
木　材	雪松、檀香和松树

▶ 为什么西红柿被称为"爱的苹果",还被认为是"春药"?

西红柿属于茄科,它们原产于秘鲁,后被西班牙探险家引入欧洲。西红柿从摩洛哥被引入意大利,所以这种水果的意大利名是pomi de Mori(意为"摩尔人的苹果")。法国人称番茄为pommes d'amore(意为"爱的苹果")。

这些名字表明人们曾认为西红柿有催情的能力,或者这可能是西红柿的意大利名字演化后的结果。当西红柿第一次被引入欧洲时,许多人都用怀疑的眼光看待它们,因为茄科的成员通常有毒。虽然没有毒也不是催情药,但仍然经历了几个世纪,它才完全去除了自己的坏名声。

▶ 植物的哪些部分是香味料的来源？

香料是芳香调味品，来自包括植物的树皮、芽、果实、根、茎和种子等不同部位。表1.9是常用的调味料和它们的来源。

表1.9　常用的调味料和它们的来源

调味料	学　名	使用部位
多香果	*Pimenta dioica*	果　实
黑胡椒	*Piper nigrum*	果　实
辣　椒	*Capsicum annum; Capsicum baccatum; Capsicum chinense; Capsicum frutescens*	果　实
桂　皮	*Cinnamomum cassia*	树　皮
肉　桂	*Cinnamomum zeylanicum*	内树皮
丁　香	*Eugenia caryophyllata*	花
姜	*Zingiber officinale*	根　茎
肉豆蔻	*Myristica fragrans*	种　子
藏红花	*Crocus sativus*	柱　头
姜　黄	*Curcuma longa*	根　茎
香　草	*Vanilla planifolia*	果　实

▶ 世界上最昂贵的香料是什么？

世界上最昂贵的香料来源是藏红花。这种香料在埃及、亚述、腓尼基、波斯、克里特岛、希腊、罗马的古代文明中都备受追捧。"藏红花"（Saffron）一词来自阿拉伯语za'faran，意思是"黄色"。香料来自秋藏红花娇嫩的柱头，原产于地中海东部国家和小亚细亚。藏红花通过球茎繁殖，花期约为两周，之后必须在花朵盛开并且没有任何萎蔫迹象前采摘。一旦采摘，花瓣枯萎前要取出分为三部分的柱头。这是一个耗时的过程，柱头太过娇嫩，只能通过手工完成。然后将柱头烘干后进行销售。为了收获1 kg的藏红花香料，需要采摘约16万

一只蜜蜂停在一朵藏红花上。藏红花是世界上最昂贵的香料来源之一

到22万朵花。1万个柱头仅能产出约70 g的香料。1998年,藏红花的零售价格为8.5美元/克,确确实实是世界上最昂贵的香料。

▶ 过去植物曾被用作药物,现代社会对它们的这种使用有所减少吗?

目前在西方世界使用的所有处方药中,大约25%含有从植物中萃取的成分。美国国家癌症研究所已经确定了3 000种植物可以用于制作抗癌药物。在这一组植物中有人参、亚洲桃儿七、短叶红豆杉和长春花。3 000种可用于制作抗癌药物的植物中,70%来自热带雨林,热带雨林也是用来治疗无数其他疾病和感染的植物性药物的来源。然而,世界还有许多地区的人们不使用处方药,他们几乎只依赖于草药。因此,植物在药用方面的价值并没有减少。

▶ 常用于烹饪的香草有哪些?

香草常用于使食物更加美味。它们通为草本植物的叶片。

表1.10 常用于烹饪的香草

通 用 名	学 名	使 用 部 分
罗 勒	*Ocimum basilicum*	叶 片
月桂叶	*Laurus nobilis*	叶 片
小茴香	*Cuminum cyminum*	果 实
莳 萝	*Anethum graveolens*	果实,叶片
大 蒜	*Allium satiavum*	鳞 茎
芥 末	*Brassica alba; Brassica nigra*	种 子
洋 葱	*Allium cepa*	鳞 茎
牛 至	*Origanum vulgare*	叶 片
欧 芹	*Petroselinum crispum*	叶 片
薄 荷	*Mentha piperita*	叶 片

通 用 名	学 名	使用部分
鼠尾草	*Salvia officinalis*	叶 片
龙 蒿	*Artemesia dracunculus*	叶 片
百里香	*Thymus vulgaris*	叶 片

▶ **由希腊医生迪奥斯库利德所撰写的《药物志》有什么重要的意义？**

《药物志》是由希腊医生迪奥斯库利德（Dioscorides，约40—90）于公元1世纪写成的。其中包含了数百种植物的名称和使用方法，当时这些植物都被认为有药用价值。这本书出版的目的是为了改善罗马帝国的医疗服务。除了医学用途之外，在近1 500年的时间里，这本书还成为西方世界最常用的植物分类书。在15世纪和16世纪，欧洲植物学家和医生都使用迪奥斯库利德绘制的"草药插画"，即迪奥斯库利德撰写的草药书上的插画来推定植物的药用价值。

▶ **来自热带雨林植物的具体药物有哪些？**

表1.11　来自热带雨林植物的药物

药 物	药物作用	来 源
可卡因	镇 定	古 柯
可的松	消 炎	墨西哥薯蓣
薯蓣皂苷元	避 孕	墨西哥薯蓣
吗 啡	止 痛	罂 粟
奎 宁	治疗疟疾	金鸡纳树树皮
利血平	降血压	萝芙木属
长春碱	治疗霍奇金病和白血病	长春花属

什么是草药医学?

草药医学是利用植物作为药物来治疗疾病和改善健康状况的学科。几个世纪以来,草药都是药物中活性成分的主要来源。

表1.12　常用的草药

草　药	植　物　学　名	常　见　用　途
芦　荟	*Aloe vera*	皮肤病,胃炎
黑升麻	*Cimicifuga racemosa*	月经问题,更年期
当　归	*Angelica sinensis*	月经问题,更年期
松果菊	*Echinacea angustifolia*	感冒,免疫系统健康
麻　黄	*Ephedra sinica*	哮喘,失重
月见草油	*Oenothera biennis*	湿疹,牛皮癣,经前综合征,乳房疼痛
小白菊	*Tanacetum parthenium*	偏头痛
大　蒜	*Allium sativum*	胆固醇,高血压
银　杏	*Ginkgo biloba*	脑供血不足,记忆力问题
人　参	*Panax ginseng, Panax quinquifolius, Panax pseudoginseng, Eleutherococcus senticosus*	精力不足,免疫力
白毛茛	*Hydrastis candensis*	免疫系统健康,感冒
霍桑(山楂果)	*Crateaegus laeviagata*	心脏功能
卡瓦胡椒	*Piper methysticum*	焦虑症
大叶蓟	*Silybum marianum*	肝　病
薄　荷	*Mentha piperita*	消化不良,肠道过敏综合征
塞润榈	*Serona repens*	前列腺问题
圣约翰草	*Hypericum perforatum*	抑郁症,焦虑,失眠
茶树油	*Malaleuca alternifolia*	皮肤感染
缬　草	*Valeriana officinalis*	焦虑,失眠

▶ **一度必须从裸子植物麻黄提取的重要药物是什么?**

在以往呼吸系统疾病的治疗中经常使用药物麻黄碱,它是从在中国发现的麻黄属植物(通用名:麻黄)中提取的。这个过程目前已经基本上被人工合成麻黄素的制备方法取代。麻黄用来帮助减肥,增强运动能力,也可作为一种膳食补充剂。2003年底,美国食品和药物管理局禁止使用麻黄作为膳食补充剂,因为它可能造成一定的健康风险。

▶ **从植物中提取产生的最危险的毒药是什么?**

生长在美国北部的铁杉(毒芹属)可能是最危险的植物。南美洲拉娜树是另一种危险的植物。美洲原住民使用这种植物的汁液为他们使用的箭和矛染毒。染毒后的武器可以导致生物在几分钟内死亡。

▶ **哪一种植物可用来生产在芳香疗法中常用的精油?**

芳香疗法是一种使用从植物中萃取的精油的整体医学疗法。整体医学着眼于个人的整体健康,强调心灵、肉体和精神的联系。术语"芳香疗法"是由法国香料化学家雷内·盖特佛塞(Rene Gattefosse)首次使用的。在一次实验室事故中,他烧伤了手,却意外发现了薰衣草精油的治病功效。盖特佛塞因此开始研究薰衣草油和其他精油,并出版了一本有关植物萃取物的书。使用芳香疗法时,精油通过呼吸或皮肤毛孔被吸收,这个过程会触发某些生理反应。精油及其使用实例见表1.13。

▸ **哪些常见的植物是有毒的?**

蔓绿绒(龟背竹)和万年青(黛粉叶)都是最常见的有毒植物。这两种植物的植株大部分都有一定的毒性。

表1.13　精油及其使用实例

精　　　油	日　常　用　途
柏木精油	防腐剂,治疗咳嗽、哮喘,安神
桉树精油	具有消炎作用,可治疗关节炎,安神
乳香精油	治疗咳嗽和支气管炎
天竺葵精油	治疗皮炎和抑郁症,安神
姜精油	治疗支气管炎和关节炎,提神
杜松精油	防腐剂,缓解疼痛,安神
薰衣草精油	防腐剂,治疗呼吸道感染,安神
马郁兰精油	治疗呼吸道感染,安神
松树精油	治疗哮喘、关节炎和抑郁症
洋甘菊精油	治疗牙疼、关节炎,缓解紧张
保加利亚玫瑰精油	治疗支气管炎、失眠,安神
迷迭香精油	治疗支气管炎、抑郁症和精神疾病
檀香精油	治疗支气管炎、抑郁症和痤疮
茶树精油	治疗抑郁症、痤疮和呼吸道感染

▶ 谁将植物育种发展成为一门现代科学?

卢瑟·伯班克(Luther Burbank,1849—1926)将植物育种发展为一门现代科学。他的育种技术包括对原产于北美本土的植物品种和外来植物品种进行杂交。他把幼苗嫁接到充分发育的植物上,对它的杂交特征进行评价。敏锐的观察力让他辨认出植物的理想性状,挑选出有用的品种。他最早的一个成功杂交品种是伯班克马铃薯,从此之后,他发展了超过800种的新株系,包括113种不同的李子和梅子。这些李子中有二十多种,至今仍然有重要的商业价值。

▶ 第一项植物专利是什么时候获得的?

亨利·F.布森伯格(Henry F. Bosenberg)是一名景观园艺师,因为培育出一种藤本玫瑰,于1931年8月18日获得美国1号植物专利。

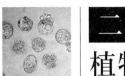

二

植物的结构和功能

植物的细胞和组织

▶ 植物的一般特征是什么?

植物是一种多细胞真核生物,细胞壁含丰富纤维素,叶绿体中的淀粉是植物最重要的碳水化合物储备。植物大多属陆生自养型生物,大多含叶绿素a和叶绿素b以及叶黄素(黄色色素)和胡萝卜素(橙色色素)。

▶ 维管植物有哪些主要组成部分?

维管植物由根、茎和叶组成。根系穿透土壤,位于地下。枝系包括茎和叶。

▶ 维管植物的根系与枝系有何区别?

根系是植物位于地下的部分,由吸收水分及各种离子等必需营养物质的根组成。根系将植物牢牢地固定在土地中。枝系是植物位于地上的部分,由茎和叶组成。植物的茎为叶片着生提供了框架,叶则进行光合作用。

▶ 根系的大小与枝系的大小之间存在关联吗?

生长中的植物会维持根系(能吸收水分和矿物质的表面积)和枝系(进行光合作用的表面积)间规模的平衡。植物幼苗中,吸收水分和矿物质的根系表面积通常大大超过进行光合作用的枝系表面积。随着植株的生长,根系与枝系有效作用面积之比逐渐缩小。另外,如果根系受损,减少了吸收水分和矿物质的表面积,枝系也会因为缺乏水分、矿物质以及根系分泌的激素等而减缓生长速度。同样,减少枝系进行光合作用的表面积,植物也会因为缺乏碳水化合物和枝系向根系输送的激素而限制根系的生长。

▶ 植物专有的细胞有哪些?

植物的细胞有几个共同特征,比如都有叶绿体、细胞壁和大液泡。另外,有一些细胞是维管植物所专有的。包括以下细胞:

薄壁细胞——对应英文名parenchyma源于希腊语,是意为"在……旁边"(para)和"涌入"(entchein)等词汇的复合词。薄壁细胞是叶、茎、根中最常见的细胞,多为球状,仅有初生细胞壁。薄壁细胞参与养分的储存、光合作用和有氧呼吸,是成熟的活细胞。玉米、土豆等植物的大部分养分都存储在饱含淀粉的薄壁细胞中。这些细胞构成了叶片的光合作用组织、果实的果肉、根和种子的存储组织。

厚角细胞——对应英文名collenchyma源于希腊语中意为"胶"(kola)的单词。厚角细胞有加厚的初生细胞壁,无次生壁,位于植物的茎和叶柄的表皮内侧,呈束状或连续的圆柱状存在。厚角细胞最常见的功能是为生长中的植物器官提供支撑,比如茎。与薄壁细胞相同,厚角细胞也是成熟的活细胞。

厚壁细胞——对应英文名sclerenchyma源于希腊语中意为"坚硬"(skleros)的单词。厚壁细胞有坚韧、硬挺、厚实的次生细胞壁,次生细胞壁中的木质素——木头的主要化学成分——增加了它的硬度。厚壁细胞为植物体提供坚实的支撑。厚壁细胞共有两种:纤维细胞和石细胞。纤维细胞体长且细,常呈线形或束形排列。石细胞单独或成群存在,形状多样,有厚且硬的次生细胞壁。大多数厚壁细胞成熟后成为死细胞。

木质部——对应英文名xylem源于希腊语中意为"木头"(xylos)的单词。

▶ 哪种植物中有大量的厚角细胞？

芹菜！芹菜叶柄（我们所食用的部分）中长长的"筋"主要由厚角细胞构成。

木质部是植物主要的水分传导组织，由中空的管状死细胞首尾相接组成。木质部运输水分，补充植物因为蒸发过程中从气孔中失去的水分。管胞和导管分子是两种水分运输细胞。水分通过管胞的次生壁的凹点，自植物的根部向上到达茎和叶。导管分子的细胞端壁上有穿孔，允许水分在细胞间流动。

韧皮部——对应英文名"phloem"源于希腊语中意为"树皮"（phloics）的单词。作为植物传输营养物质的组织，韧皮部中的两种细胞分别是筛胞和筛管。筛胞为无种子维管植物和裸子植物所有，而筛管为被子植物所有。这两种细胞皆为细长的管状细胞，首尾相接，相接处有密集的气孔。糖分（尤其是蔗糖）、其他化合物和部分矿物离子在相邻的营养传输细胞间移动。筛管有薄薄的初生细胞壁，无次生壁。筛胞和筛管成熟时皆为活细胞。

表皮——表皮中存在多种维管植物的特化细胞，分别是保卫细胞、毛状体和根毛。扁平的表皮细胞排列成一层，外面裹厚厚的角质层，覆盖了初生植物体的所有部位。

▶ 植物中有何种类型的组织系统？

维管植物有三个组织系统：维管组织系统、基本组织系统和皮组织系统。组织系统分布在植物的所有部分——根、茎、叶。

▶ 每种组织系统的功能是什么？

维管组织系统包括两种传导组织：木质部和韧皮部。木质部输送水分及溶解了的矿物质。韧皮部为植物的生存和生长提供碳水化合物（主要是蔗糖)、激素、氨基酸及其他物质。基本组织系统中有三种细胞类型——薄壁细胞、厚角细胞和厚壁细胞。这三种细胞的细胞壁薄,有供存储养分、光合作用和分泌作用的活的原生质体。表皮组织系统是包括角质层在内的植物的外部保护层。

▶ 各种组织系统中分别有哪些主要的细胞类型?

表2.1　各组织系统中的主要细胞类型

组织系统	组　　织	细胞类型	位　　置	功　　能
皮组织系统	表　皮	保卫细胞;毛状体	初生植物体细胞的最外层	保护;最大限度减少水分流失
	周　皮	木栓细胞	最先形成的周皮位于表皮下,后生成的位于树皮内层	植物的次生保护组织,代替表皮成为保护层
基本组织系统	薄壁组织	薄壁细胞	遍布植物体全身	呼吸、消化和光合作用等新陈代谢过程;伤口的愈合
	厚角组织	厚角细胞	伸长期幼茎的表皮下;部分叶片的叶脉中	在初生植物体中提供支撑
	厚壁组织	纤　维	木质部和韧皮部;单子叶植物的叶片中	支撑和储藏
		石细胞	遍布植物体全身	机械支撑;保护
维管组织系统	木质部	管　胞	遍布植物体全身	裸子植物和无种子维管植物的主要水分传输分子
		导管分子	遍布植物体全身	被子植物的主要水分传输分子
	韧皮部	筛　胞	遍布植物体全身	裸子植物的营养物质传输分子
		蛋白质细胞	遍布植物体全身	被认为在向筛胞输送物质的过程中发挥作用
		筛管分子	遍布植物体全身	被子植物的营养物质传输分子
		伴胞	遍布植物体全身	被认为在向筛胞输送物质的过程中发挥作用

▶ **纤维是如何分类的？**

纤维有多种分类方法。其中一种是根据纤维的位置分类，即是否位于木质部。木质部中的纤维被称为木质纤维，而其他组织中的纤维则被称为木质部外纤维。木质部外纤维通常长于木质纤维。纤维亦可据其硬度分类。硬纤维来自单子叶植物，包括木质部，因而呈现木质化且比较硬挺；制绳的剑麻就是一种硬纤维。软纤维，又名韧皮纤维，来自双子叶植物，无木质素，通常比单子叶植物的纤维更加强韧耐用；制作亚麻布的亚麻就是一种软纤维。

▶ **什么是分生组织？**

分生组织——对应英文名 meristem 来源于希腊语中意为"分裂"的单词，是一种非特化细胞，能分裂产生新的细胞和组织。顶端分生组织位于根和茎的顶端，负责植物的初生生长。维管形成层和木栓形成层是负责植物次生生长的分生组织。

▶ **根部的顶端分生组织如何生长？**

根部的顶端分生组织会有区别性地分裂产生新细胞，有向内生发的与向外生发的。向内生发的细胞逆根须的生长方向向上生长，而向外生发的细胞则顺着根须的生长方向生长。后者形成根冠。

▶ **植物会不会停止生长？**

许多生物成熟后便停止生长，但植物在整个生命期都会持续生长。植物无尽的、持久的生长被认为是无限期的。顶端分生组织无限期地产生无限量的侧生器官。

▶ **维管组织系统、基本组织系统和皮组织系统的前身分别是什么？**

植物胚胎形成后不久，初生分生组织便形成了。原表皮层，即皮组织系统的前身，形成于胚胎最外面的细胞之中。胚胎中的纵向分裂将维管组织系统的前身——原形成层和基本组织系统的前身——基本分生组织区分开来。

▶ 初生生长与次生生长之间有何区别?

初生生长发生在植物的根和茎的顶端,从而增加根和茎的长度;次生生长则增加植物直径。次生生长的结果是在植物的外围分裂产生一圈圈的细胞。

种　子

▶ 什么是种子?

种子是成熟的受精胚珠,由胚和富含养分的胚乳组成。胚中包含细小的根和芽。一旦种子裹上了有保护作用的包衣便停止生长,进入休眠状态。

▶ 种子休眠的好处有哪些?

种子休眠期间,生长发育都停止了,这给了植物传播种子的时间,植物能够将种子送到新的环境中去。种子休眠为植物存活提供了保障,只有条件适宜了,种子才会发芽。

▶ 种子发芽的必要条件有哪些?

只有当发芽和生长需要的温度、氧气和湿度达到最佳条件时,种子才会打破休眠状态。除了这些外部因素,有些种子在发芽前还要经历一系列的酶和生化变化。

▶ 种子发芽的最佳温度是多少?

大多数植物种子发芽的最佳温度在25℃到30℃。有些种类植物的种子在5℃到30℃都能发芽。然而,有些种子,如落基山脉上的黑松树的种子,需要在极热的环境下才能发芽。这种黑松树球果的鳞片被树脂包裹,45℃到50℃的高温,再加上至少为中等规模的森林火灾,才能熔化树脂,释放出种子。

▶ 什么是植物的"双重休眠"?

对于有双重休眠的植物来说,要催生它们的种子需要一种特殊的分层或层积法。这类植物的种子在经过一段温暖湿润的时期后,必须再经历一段寒潮天气。种子要发芽,种皮和种胚都必须经历双重休眠。在自然界中,这一过程通常需要两年的时间。一些广为人知的具有双重休眠期的植物有百合、山茱萸、杜松、丁香、牡丹和荚蒾等。

茎 与 叶

▶ 种子萌发后,芽是如何生长的?

芽的生长方式,根据种子萌芽后子叶是否留在地下而有所不同。子叶被带出泥土的萌芽方式被称为叶上生。子叶中储存的营养物质被消化,产生的养分被输送到幼苗处于生长中的部分。当幼苗扎好根,不再依赖种子所提供的营养物质时,子叶便逐渐萎缩,并最终脱落。子叶留在地下的萌芽方式被称为叶下生。幼苗吸收子叶中的营养物质生长壮大,之后子叶便自动分解。在这整个过程中,子叶一直留在土壤中。

▶ 芽尖破土而出时,是什么保护着它?

许多幼苗的下胚轴呈弯曲状或钩形,以保护娇嫩的芽。芽尖受拉力穿透泥土,而非推力。

▶ 茎由哪些部分组成?

茎包括节和节间。节是叶在茎上的着生点。节间是茎上节与节之间的部分。

▶ 植物的茎有哪些功能?

植物的茎的四大功能分别是:1)支撑叶片;2)产生碳水化合物;3)储存水分和淀粉等物质;4)在根与叶之间输送水分和溶质等。植物的茎为将土壤中的水分及溶解了的养分输送至叶片提供了渠道。

▶ 植物的茎都有哪些不同的类型?

植物的茎在大小和形状上常有差异。此外,有些植物具有变态茎。例如草莓的匍匐茎或长匍茎是沿地表水平生长的茎。鸢尾属植物也有水平生长的茎,被称为根状茎。根状茎为较大的棕褐色根状结构,浅埋于地表以下。根状茎储存养分,并可蔓延分生出新的植株。白马铃薯亦有根状茎。白马铃薯的根状茎为大块的球状结构,被称为块茎,块茎即我们称之为"马铃薯"并食用的部分。牵牛花和甘薯的卷须和缠绕茎盘绕在物体上,起到支撑作用。

▶ 什么是茎上的芽?

茎上的芽有顶生的,也有腋生的。顶芽位于茎的顶端,正是植株生长最旺盛的地方。顶芽包括生长中的叶片及分布密集的节和节间。腋芽位于叶片与茎形成的交叉角之间。腋芽多处于休眠状态。

▶ 什么是顶端优势?

顶端优势是指顶芽产生激素抑制腋芽生长的现象。顶端优势容许植株越长越高,以获取更多光照。在一定条件下,腋芽开始生长,生出侧枝。室内盆栽和果树的顶芽被摘除后,腋芽被激活,长成为灌木般茂密的植株。

▶ 如何区分枝刺、叶刺和皮刺?

枝刺是生发于叶腋处的变态枝或变态茎。枝刺的作用之一便是保护植株,防止其被食草动物吃掉。山楂树就是一种长有真正枝刺的植物。叶刺属于植物的变态叶，在仙人掌属植物上就能找到它们。皮刺则是在叶和茎等植物结构的表皮上长出的尖利的刺状物。

▶ 叶的主要功能有哪些？

叶是植物主要的光合作用器官。不过，它们在植株的气体交换和水分运输方面也有非常重要的作用。

▶ 叶由哪些部分组成？

叶生发于茎尖，形状、大小和排列多有差异。大部分叶由叶片、叶柄、托叶和叶脉组成。叶片指叶的扁平部分，叶柄指叶下细长的杆，托叶发于叶柄与茎连接的基部，并非所有叶子都有叶脉。托叶可能跟叶片形状类似，但大小差异较大。叶脉、木质部和韧皮部贯穿整片叶子。

▶ 植物变态叶的例子有哪些？

有些植物的叶子发生了改变，从而产生了除光合作用之外的其他功能。有些植物的卷须是变态茎，它们为植株提供支撑，而另一些植物，如豌豆，它们的卷须也是变态叶。对于食虫植物来说，如捕蝇草和瓶子草，它们的叶子不仅能吸引和捕捉昆虫，还能运用酶将食物消化。许多沙漠植物的叶主要生长在地下，仅有一个小尖刺破地表，留出一小扇透亮的"窗户"。土壤盖住叶子，保护其不在恶劣的沙漠风中脱水，而那扇"窗户"则允许光线穿透，并到达进行光合作用的地方。

▶ 叶片的叶肉中有哪些重要的细胞器？

叶肉，对应英文名mesophyll来源于希腊语中意为"中间"和"叶子"的两个单词。叶片的叶肉由富含叶绿体的薄壁细胞群组成，叶绿体对光合作用来说至关重要。很多叶片的表皮之下是栅栏状薄壁组织，它包含柱状排列的层层薄壁细胞。海绵薄壁组织则是由一群形状不规则且常有很多分枝的细胞组成。海绵

一棵成年树木有多少片叶子?

叶子是一棵树最显眼的部分。一棵树干直径为 1 m 的槭树大约有 10 万片叶子,一棵橡树大约有 70 万片叶子,而一棵成年的美国榆树则每个季节都能长出超过 500 万片叶子。

薄壁组织有很大的细胞间隙,这些间隙与气孔相连,参与气体交换及叶片中水汽的输出。

▶ 单叶和复叶的区别是什么?

单叶的叶片是完整且不可分离的,虽然它们的叶裂可能很深。相反,复叶的叶片由多片明显分离的小叶组成。通常,每片小叶都有叶柄,称为小叶柄。复叶分羽状复叶和掌状复叶:前者的小叶从叶柄延伸出的叶轴的两边生发;后者的小叶自叶柄的顶端生发,没有叶轴。

▶ 叶片与小叶的区别是什么?

区分叶片与小叶有两个判断标准:1)叶片的叶腋处有芽,而小叶没有;2)叶片自植物的干茎处生发,分别延展至多个平面,而同一叶片的小叶皆处于同一平面。

▶ 叶序有哪三种常见类型?

叶子最常见的三种排序方式有:1)互生;2)对生;3)轮生。许多植物的叶子在干茎的两侧交替排列。另一些植物的叶子成对地在干茎两侧相对着生长。还有一些植物的叶子在同一水平位置呈涡轮状着生三枚或三枚以上的叶片。

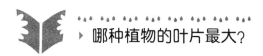

▶ 哪种植物的叶片最大?

龟背竹的叶子为深绿色,表面光滑富有光泽,成熟后长度一般为61至91 cm。

▶ 植物的叶子有哪些经济价值?

叶子可以制作食物或饮品,也可做染料或纤维,可入药,还有一些其他的工业用途。有些植物被种植就是为了取其叶,如卷心菜、莴苣、菠菜,以及许多草本植物,其中包括欧芹和百里香。熊果和指甲花的叶片分别含有天然的黄色和红色染料。棕榈树的叶子可用来制作布料、扫帚,还可以在热带地区搭建茅草屋。芦荟叶以其医治烧伤的功效著称,还被用来制作药用肥皂和乳膏。

▶ 角质层是如何保护植物的?

角质层中含有一种似蜡的物质,即角质。植物暴露于空气中的茎和叶上皆覆盖着角质,水分难以通过角质层渗透进来,这就为植物体水分的流失增加了一道屏障,因而能保护植物体不致干枯。

▶ 气孔的用途是什么?

气孔(对应英文名为stomata,其单数形式stoma来源于希腊语中意为"嘴巴"的单词)是指叶片上特有的微孔,有时植物干茎上的绿色部分、花朵和果实中也有。二氧化碳通过气孔进入植物体内,水汽则通过气孔散发出来。气孔周围的保卫细胞通过扩张和收缩控制水分、二氧化碳和氧气的进出。

► 臭氧对叶子有什么影响？

臭氧可随二氧化碳通过气孔进入植物的叶中。臭氧将导致气孔周围的细胞膨胀度减小,进而缩小气孔的开口,这可以保护植物体不再吸入更多的臭氧。臭氧一旦进入叶子中,便会高度活跃,有可能摧毁叶子中的细胞。

► 不同种类的植物叶子表皮中气孔的数目有差异吗？

不同种类的植物叶子上、下表皮气孔的数目差异很大。水平方向伸展的叶子,其受到保护的下表皮,相对暴露的上表皮而言,通常有更多的气孔。相反,垂直方向伸展的叶子,其表皮的上下两侧气孔的数目通常相近。下表列出了几种不同种类的植物每平方厘米表皮上气孔的平均数目。

表2.2　植物叶表皮中的气孔数目状况

通 用 名	叶片的生长方向	上表皮气孔数	下表皮气孔数
苹　果	水　平	0	38 760
黑　栎	水　平	0	58 140
猩红栎	水　平	0	103 800
桑　树	水　平	0	48 000
西葫芦	水　平	2 791	27 132
天竺葵	水　平	1 900	5 900
豌　豆	水　平	10 100	21 600
玉　米	垂　直	9 800	10 800
洋　葱	垂　直	17 500	17 500
欧洲赤松	垂　直	12 000	12 000

► 植物体中的保卫细胞都是一样的吗？

所有植物的保卫细胞都具有相同的功能——通过开关气孔调节植物体中气体与水分的交换,但它们在结构上仍有区别。双子叶植物的保卫细胞呈肾脏状,而单子叶植物的保卫细胞则形似哑铃。

植物通过气孔进行蒸腾作用会损失多少水分？

光、温度、二氧化碳的浓度等都会影响蒸腾作用的速率。在夏天，草坪每周大约会蒸发掉10^5升水。

▶ 什么是毛状体？

毛状体是指生长在植物表皮上的绒毛状物。多生于植物的茎干、叶片（那些毛茸茸的叶片上便覆盖着毛状体）及生殖器官上。

▶ 毛状体有哪些功能？

毛状体有多种功能。它们能提高植物的吸水率并减少蒸发造成的水分流失，进而保持叶片表面的凉爽。此外，毛状体还能保护叶片远离虫害，因为叶片上的绒毛阻隔了昆虫的侵扰，而腺毛则能为植株提供化学防护，使其免遭食草动物的骚扰。

▶ 什么是周皮？

周皮是取代表皮成为植物根茎保护层的组织，次生生长。周皮由三部分组成：1）木栓层；2）木栓形成层；3）栓内层。木栓层非活体，是木栓形成层产生的外层保护组织。木栓形成层是产生周皮的分生组织。栓内层是形成于分生组织内侧的活的薄壁组织。

▶ 用作商业制成品原料的木栓是如何获得的？

木栓是生长在西地中海沿岸的栓皮栎的外层树皮。它的第一层周皮无商业利用价值，在树龄达到约10年时，第一层周皮被剥落并丢弃。在树木长至20到

25岁时，直径将达到40 cm，这时可收获厚度3～10 cm的木栓层。在树龄达到150岁之前，基本上每隔10年就可以收获一次相似厚度的木栓。栓皮栎的木栓与木栓形成层剥离，可被剥落而不伤害树木。

▶ 木栓的何种特性使之成为多种商业用途的理想材料？

木栓的细胞排列密集（大约每立方厘米有一百万个细胞），且细胞中含有植物蜡，这使之能够阻隔水和空气。

占木栓体积一半的是密封在内的空气，因此，木栓的重量仅为水的四分之一。它几乎无法毁坏，既防火耐磨，又能减震消音。它可用来制作酒瓶塞、航天飞机的绝缘材料以及乐队指挥棒的手柄等等。

▶ 什么正取代天然木栓成为酒瓶塞的制作原料？

塑料正取代天然木栓成为酒瓶塞的制作原料。在20世纪80年代和90年

一棵树上的死树皮。有的树皮紧贴树干，而有的则极易从树干表面剥离

代早期,人们发现导致木栓塞发霉的真菌是2,4,6-三氯苯甲醚,它会淡化酒的味道,使酿酒师的心血功亏一篑。此外,瓶装酒的需求增长速度远远超过天然木栓塞的供应速度。虽然天然木栓仍被用来封装顶级的陈酿20年及以上的葡萄酒,但塑料瓶塞已经被广泛地应用在低端产品中。大部分塑料瓶塞使用的是一种高级塑料,能避免天然栓塞被污染后产生的淡化酒味、产生气味等问题。

▶ 何为木材?

木材是指树木积聚起来的次生木质部。一般来说,具商业使用价值的木材来自植物的茎干而非根部。靠近树干中心的木头被称作心材。心材的细胞被不断熟化的次生木质部产生的树胶和树脂浸润。心材通常要比维管形成层附近的木材颜色更深。维管形成层附近的木材被称作边材,在树木的水分运输中十分活跃。

▶ 树皮有什么作用?

树皮保护树木的内部组织,使其免受雨雪冰雹、动物、真菌、细菌等的外部侵害。树皮还充当垃圾场的角色,树木将自身新陈代谢产生的废物丢弃至此。营养物质则通过树皮的韧皮部从树根被输送至树冠。

▶ 可否根据树皮辨识树木?

不同种类的树木,树皮的质地和颜色各有不同。因此,树皮可作为辨识树种的一种辅助手段,尤其在树上没有叶子的情况下。有的树皮紧贴树干,而有的树皮极易从树干表面剥离。紧贴树干的树皮可能有或深或浅的竖向裂缝或纹路。还有一些树种的树皮看上去像鱼鳞一样被分割成了一个个正方形、长方形或其他不规则形状。松属下的多个树种都有鳞状树皮。而长毛绒状树皮由薄薄的长条状树皮交叠而成,如桉属。纸皮桦是树皮极易剥离的树种之一,此种树皮叫作环状树皮。

▶ 普通树木的树皮有多厚?

表2.3　树木的树皮厚度

通　用　名	拉丁学名（属）	树皮厚度（mm）
刺　柏	*Juniperus*	2～6
云　杉	*Picea*	5～30
松　树	*Pinus*	5～50
槭　树	*Acer*	5～20
杨　树	*Populus*	5～80
栎　树	*Quercus*	5～40
山毛榉	*Fagus*	2～10

▶ 为什么白桦又名"纸皮桦"?

桦树的外皮呈薄片状,因此得名"纸皮桦"。美国印第安人就是用这种树制作桦树独木舟的。

▶ 什么是植物的髓?

植物的髓属于基本组织系统,一般由薄壁组织构成,位于植物根和茎中央的维管柱里。

▶ 根冠细胞能活多久?

视根冠长度和种类的不同,根冠细胞从形成到脱落大概需要4到9天的时间。

▶ **种子植物的茎干结构是什么?**

茎干的基本组织结构有三种主要类型:1)围绕着髓,维管系统可呈现为不间断的空心圆柱状;2)环绕着髓,互不相连的维管束可形成一个环;3)维管束可散布在基本组织系统之中。

根

▶ **种子发芽后生成的第一个结构是什么?**

种子发芽后生成的第一个结构是胚根。胚根使得生长中的幼苗扎根土壤,吸收水分。作为植物的初生根,它逐渐生发出侧根,侧根继续繁衍出更多的侧根,最终形成有多个分支的根系。

▶ **什么是根冠?**

根冠由薄壁组织细胞群组成,形似管状针箍,套住根尖,保护根尖使其持续生长,扎根泥土。根尖长长的同时,根冠被不断推进。推进的过程中,根冠周围的细胞逐渐脱落,顶端分生组织同时生成新细胞。根冠保护顶端分生组织,帮助根系不断深植,并在抑制根的向重力性中发挥了重要作用。

▶ **根系有哪些功能?**

根系的主要功能有:1)牢牢抓住泥土,使植物稳定;2)储存能量,如胡萝卜和甜菜;3)从土壤中吸收水分和矿物质;4)为根系输入或从根系输出水分和矿物质。根系储存植物的营养物质,它们被根系自身吸收,或经根系消化后,通过韧皮部将产物输送至植物的地上部分。有些植物的根可供人类食用。在根系的分生组织中合成植物激素,这些激素经木质部被输送至植物的地上部分,从而促进植株的生长发育。

一株被连根拔起的松树。许多植物的食物,即能量源,都储存于根系中

▶ 植物根系一般扎在土壤中多深的地方?

根系扎进土壤的深度取决于湿度、温度、土壤的构成和植物自身。植物积极吸收水分和矿物质的"营养根"大多位于最上面1 m。大部分树木的营养根主要位于土壤层的最上面15 cm,即富含有机物的土壤层。

▶ 哪种植物的根系扎入土壤最深?

在美国亚利桑那州的图森市附近,发现过一棵根系深达53.5 m的荒漠灌木——牧豆树。

▶ 树的根系横向伸展可达多宽?

一棵树根系的宽展度是树冠宽展度的4到7倍。

◉ 导致根系毁坏的原因有哪些?

根系可因极端气温、干旱、线虫和土壤中的其他微型动物(如啃噬植物肉质根的跳虫)等原因遭到破坏。在已知根系受损的情况下,修剪枝系有助于重建根系与枝系间的平衡。移植幼苗等也会损伤根系,尤其是根毛。

▶ 什么是不定根?

不定根是生发在植物的茎或叶等器官上的根。对有些植物而言,不定根是植物性繁殖的一种手段,例如覆盆子、苹果和卷心菜。

▶ 什么是气生根?

气生根是生发于植物的茎等地上结构的不定根。植物的种类不同,气生根

榕树的气生根有辅助支撑作用,因而也被称为支柱根

的作用也不同。榕树和美洲红树等树种的气生根因其支撑作用又被称为支柱根。常春藤、球菁苔和西班牙苔等的气生根会抓牢能支撑茎的物体。香草兰和蔓绿绒的气生根可进行光合作用。

▶ 单子叶植物的根系与双子叶植物的根系有何不同?

单子叶植物的根系由纤维状的一团根须组成,可充分吸收土壤中的水分和矿物质。双子叶植物的根系由一根主根组成,上有许多次生侧根。

▶ 什么是根毛?

根毛是生发于根表皮最外层的微小突起或分枝,生长在靠近根的顶端附近,数量极多。根毛存活期很短,新旧根毛死亡和生发的速度大致相同。有些植物的根毛每平方厘米会多达40 000根!

大蒜籽球。籽球由肉质鳞瓣组成,包含一个小基板(即变态茎,上生根)和一个芽

▶ 根毛的作用是什么？

根毛扩大了根系的表面积，使根系能更加高效地吸收水分和矿物质。对一种黑麦的研究发现，这种植物有大约140亿根根毛，吸收营养物质的表面积达401 m^2。如果将这些根毛头尾相接地排列，长度将远远超过10 000 km。

▶ 根有什么经济价值？

胡萝卜、甜菜、芜菁、萝卜、山葵和甘薯等的主根成为人类食物的历史，已有几个世纪之久。甘草、黄樟和菝葜（用以制作汽水的调味料）都取自植物的根部。乌头、龙胆、吐根、人参、利血平（一种镇静剂）和原藜芦碱（一种心脏弛缓药）亦皆来自植物的根。

▶ 植物的鳞茎与球茎、块茎和根茎有何区别？

鳞茎、球茎、块茎和根茎皆为生长在地下的变态茎。很多情况下，"鳞茎"可以指代任何生长于地下的、能在休眠期储藏能量的储藏器官。休眠是植物度过恶劣天气状况（如严冬和酷暑）的一种手段。而真正意义上的鳞茎由肉质鳞瓣组成，包含一个小基板（即变态茎，上生根）和一个芽。围绕着胚生长的鳞瓣是变态叶，鳞瓣中富含鳞茎在休眠期及早期生长期需要的营养物质。有些鳞茎的鳞瓣外裹一层纤薄如纸的鳞茎皮。小基板亦能将鳞瓣固定在一起。小基板上的侧芽可发育为新的鳞茎。郁金香、黄水仙、百合、风信子等皆为鳞茎花卉。

球茎实际上是演变成储藏组织的变态茎。球茎顶端的节眼是生长点。球茎外包裹着类似于鳞茎皮一样的干叶基。根着生于球茎底部的基板上。新的球茎在老球茎的顶部或侧方生发。球茎花卉有唐菖蒲、小苍兰和番红花等。

块茎是类似于球茎的块状地下茎，但块茎没有基板和膜皮。根和芽自侧边、底部或者顶端的节眼中生发。有的块茎是圆形的，有的呈扁平的块状。大岩桐、杯芋、毛茛和银莲花等都是块茎植物。

根茎是吸收水分和营养物质的膨胀根，类似于块茎。新的根茎生发于老茎与根相连的基部。可使用将老茎着生的带节眼的部分切下的方法，对块状根进行切分。大丽花的根即为块状根茎。

根状茎是变粗的分支储藏茎,通常横向生长或浅埋于地表下。根着生于根状茎的下表面,向下延伸,芽和叶则自根状茎的上表面向上生长。根状茎采用切分母株的方式进行繁殖。髯鸢尾、美人蕉、马蹄莲和延龄草等都属根状茎植物。

花

▶ 花有哪些组成部分?

花通常由四大主要部分组成。萼片——见于花蕾外层或开放的花朵的底部。萼片保护花蕾,使其不至干枯。有的萼片有刺或有毒,可驱走捕食者;所有萼片共同组成花萼。花瓣——吸引传播花粉者,通常在传粉后不久便凋落;所有花瓣共同构成花冠。雄蕊——一朵花的雄性部分,由花丝和产生花粉的花药组成。雌蕊——一朵花的雌性部分,由柱头、花柱和包含胚珠的子房组成;受精后,胚珠发育成种子。如果一朵花具有以上四大部分,即称为完全花;如若缺少其中任一部分,即为不完全花。在花的繁殖中,仅雄蕊和雌蕊是必需的,此两者完备的花为雌雄同花,而缺乏任一部分的花即为雌雄异花。

▶ 什么是有效授粉?

当有活力的花粉传播至载有胚珠的柱头或子房上时,才完成了一次有效授粉。没有授粉就没有繁殖。因为植物无法移动,所以通常需要外部媒介将花粉从产生之处传送至受精可能发生的地方。这种局面可导致异花授粉,即一株植物的花粉被传播至另一株植物的柱头上。有的植物可以自花授粉,即将自身的花粉传播到自己的柱头上。但这两种授粉方式中,异花授粉似乎更具优势,因为它引入了新的遗传物质。异花授粉的媒介包括昆虫、风、鸟类、哺乳动物和水。很多时候,花都有一种甚至更多的“奖品”来吸引这些媒人们——甜腻的花蜜、油、固体食物、香味、一处休憩地,有时甚至是花粉本身。另外,植物还能够运用“诡计”诱使媒人们传播花粉。一般来说,植物利用色彩和香气为饵来吸引传播者。例如,一些兰花会组合利用气味和颜色模仿某种雌性蜜蜂或黄蜂,引诱雄蜂

蜜蜂等传播花粉的昆虫在植物繁衍中扮演了重要的角色

来与之交配。借此（拟交配），兰花完成了授粉。有些植物会迎合不同类型的传播者，而有些植物则非常挑剔，只通过某一种昆虫传播花粉。授粉媒介的这种专一性有助于维持植物物种类的纯度。

植物的结构能迎合某种特定类型的传播者。例如，草和针叶树等依靠风传播花粉的植物，其花的结构倾向于简单，无花瓣，分枝状柱头随意地暴露，以便捕捉空气中传播的花粉，花药（产生花粉的部分）悬垂在长长的花丝上。这种类型的花药，其轻盈的圆形花粉粒易于被风携带传播。这类植物多见于昆虫稀少的草原和山区。相反，那些半封闭、不对称、花期长的花，如鸢尾、玫瑰和金鱼草等，在花朵的基部都有"落脚台"和花蜜，以供招待蜜蜂等授粉者。大量黏稠的花粉极易粘在昆虫类授粉者的身上，被传给另一朵花。

▶ 什么是蜜腺？

植物的分泌组织能分泌多种物质。蜜腺即为分泌花蜜的结构，花蜜是一种可吸引昆虫、鸟类及其他动物的含糖化合物。大多数蜜腺与花朵相关，因此又名花蜜腺。花蜜中的 $10\% \sim 50\%$ 是糖，其中大部分为蔗糖、葡萄糖和果糖。植物通常只产生少量的花蜜，因而觅食的动物们为了饱餐一顿不得不从多枝花朵中采食。由此，一只昆虫或一只小鸟能为几十甚至几百株植物授粉。

▶ 树中的水分如何往上传输？

在蒸腾作用中，水分通过木质部组织往树木的上部传输。水分不断从树叶中蒸发出去，形成了从根到茎的水分流动。树根吸收了树木所需水分的绝大部分。水的内聚力和附着力使之能克服高度往树木的上部传输。内聚力使得水分子聚合形成连续的水流。附着力令水分子能附着在木质部细胞壁的纤维素分子上。水分抵达叶片后蒸发掉，更多的水分子继续沿树木往上传输。

▶ 哪些化合物对花的着色有重要作用？

颜色是被子植物花朵最显著的特征之一。花朵的颜色都由少量的色素产生。很多的红色、橙色和黄色花朵都含有与树叶中的色素相似的类胡萝卜素。

▶ 蜜蜂在授粉中的作用是何时被发现的？

蜜蜂在授粉中的作用是由约瑟夫·戈特利布·科尔鲁特（Joseph Gottlieb Kölreuter，1733—1806）于1761年发现的。他最先发现植物需要借助昆虫传播花粉才能完成受精。

花朵着色最重要的色素是黄酮类化合物。一类重要的黄酮类化合物花青甙是决定花朵颜色的主要因素。其中，三大主要花青甙色素分别是：1）天竺葵色素（红色）；2）矢车菊素（紫色）；3）飞燕草色素（蓝色）。相关的黄烷醇类化合物形成黄色、象牙白或白色。这些不同的色素混合，再加上细胞pH的变化，最终形成了被子植物花朵中所有的颜色层次。

土　壤

◉ 土壤有哪些不同的类型？

土壤是经风雨侵蚀的地壳最外层，是微小的岩石碎片和有机物的混合物。土壤可分为三大类：黏土、沙土和壤土。黏土的颗粒结合紧密，质重。大部分植物很难吸收黏土中的营养物质，且黏土极易积水。黏土适宜生长一些根系较深的植物，如薄荷、豌豆和蚕豆。沙土较轻，颗粒松散。沙土适宜生长许多高山和干旱地区的植物，例如龙蒿和百里香等药草，洋葱、胡萝卜、西红柿等蔬菜。壤土的大小颗粒分布均衡，极易为植物的根系供给养分，疏水性和储水性都很好。壤土被视为植物生长的理想土壤。

◉ 哪些是植物生长的必需养分？

必需养分是指植物生长必不可少的化学元素。一种元素成为必需养分的条件有：1）需要其才能完成植物的生命周期（产生有活力的种子）；2）其为植物自身的重要分子或组成部分的一部分，如叶绿素分子中的镁；3）植物会因匮乏此种元素而呈现病态或不足。必需养分又被称作必需矿物质和必需的无机营养物。

▶ 什么是植物的常量营养物和微量营养物？

植物的常量营养物有碳、氢、氧、氮、钾、钙、磷、镁和硫。这些物质的总质量接近甚至远远超过一棵植物净重的百分之一。微量营养物有铁、氯、铜、锰、锌、钼和硼。每一种微量营养物仅为植物自身的百万分之一到百万分之几。钠、硅、钴和硒都是有益元素，但并无研究发现这些元素对植物的生长发育来说是必不可少的。

▶ 植物养分的作用有哪些？

表2.4 植物养分的作用

元 素		占净重的比例	重 要 作 用
常量营养物（百分比）	碳	44	有机分子的主要成分
	氧	44	有机分子的主要成分
	氢	6	有机分子的主要成分
	氮	1～4	氨基酸、蛋白质、核苷酸、核酸、叶绿素、辅酶的成分
	钾	0.5～6	酶的成分，参与蛋白质合成和气孔的活动
	钙	0.2～3.5	细胞壁的成分，保持细胞膜的结构和渗透性，激活某些酶
	镁	0.1～0.8	叶绿素分子的成分，激活多种酶
	磷	0.1～0.8	腺苷二磷酸、腺苷三磷酸、核酸、磷脂和几种酶的成分
	硫	0.05～1	一些氨基酸、蛋白质和辅酶A的成分
微量营养物（浓度：百万分率）	氯	100～10 000	渗透与离子平衡
	铁	25～300	叶绿素的合成，细胞色素，固氮酶
	锰	15～800	一些酶的活化剂
	锌	15～100	多种酶的活化剂，在叶绿素的构成中很活跃
	硼	5～75	可能参与碳水化合物的运输和核酸的合成
	铜	4～30	一些酶的活化剂或成分
	钼	0.1～5	固氮和硝酸盐还原

▶ 人工肥包装袋上的数字表示什么？

三个相连的数字，如15-20-15，表示肥料中所含的常量营养物的质量百分比。三个数字分别对应的是氮、磷和钾。要确定肥料中每种元素的实际质量，需将百分比与肥料的总质量相乘。举个例子，一袋50 kg的肥料，上标15-20-15，意味着肥料中含有7.5 kg氮、10 kg磷和7.5 kg钾。其余的为填料。

▶ 土壤pH值中的"pH"是什么意思？

"pH"的字面意思为"氢离子指数"，是科学家们使用的术语，代表土壤样本中的氢离子浓度。相对酸碱度通常以符号"pH"表示。pH的中间值为7。检测值低于7的土壤为酸性，高于7的为碱性。pH值的表达式对氢离子浓度取10的对数。因此，检测出pH值为5的土壤的酸度是pH值为6的土壤的10倍，而pH值为4的土壤的酸度是pH值为6的土壤的100倍。

▶ 最适宜植物生长的土壤酸碱度是多少？

土壤pH值在6.0～7.5之间时，土壤中的磷、钙、钾、镁等养分最易为植物所吸收。在高酸（低pH值）环境中，这些营养素变得不可溶解，较难被植物吸收利用。然而，像杜鹃花等一些植物在酸性土壤中长得更好。高pH值亦能增加养分吸收的难度。如果碱性土壤的pH值超过8，磷、铁和许多微量元素也会变得难以溶解，无法为植物吸收利用。

▶ 什么是"水培法"？

水培法指的是在非土壤介质中栽培植物；钾、硫、镁、氮等无机营养物通过溶液源源不断地供给植物。水培法多应用在土壤匮乏或土质不适宜种植的区域。水培法要求对根的营养水平和给氧控制精准，故常用来种植以研究为目的的植物。朱利叶·冯·萨克斯（Julius von Sachs, 1832—1897），植物营养学家，首创现代水培法。用水培法种植研究用植物始于19世纪中期。美国加利福尼亚大学的科学家威廉·格里克，于1937年定义了术语hydroponics，即"水培法"。在水培法商业化应用的50年中,它已在多种环境下被应用。美国国家航空和航天局(NASA)即将在国际空间站中运用水培法种植农作物,并借此将二氧化碳转化为氧气。水培法在科学研究中的应用很成功,但它也有许多局限,且对业余园艺手们来说这种方法并不易操作。

应 激 反 应

▶ 什么是向性运动?

向性运动是植物做出的应激性反应动作。向性运动的类型有:

向化性——植物对化学物质做出的反应,叶子可能会向内卷曲。

向重性——植物对重力做出的运动反应。植物的茎有负向重性(向上生长),而根有正向重性(向下生长)。

向水性——植物对水分或湿气的运动反应,即根部向水源处生长。

避日性——植物叶片为避免阳光暴晒做出的运动反应。

向光性——植物对光的运动反应,可分为正向光性(靠近光源)和负向光性(远离光源)。植物的主干茎通常具有正向光性,而根则一般对光线不敏感。

向温性——植物对温度的应激运动反应。

向触性——植物的爬行器官对接触刺激的运动反应。例如,植物的卷须会像弹簧一样缠绕在支撑物上。

▶ 什么是膨压运动?

植物的膨压运动是可逆运动,是特定细胞的膨压变化引起的运动。例如,一些植物的叶片位置在白天和晚上是不同的。

▶ 植物如何尽可能多地接受光照?

许多植物的叶子会动。叶子常常调整角度以接受阳光直射,从而吸收更多的光量用于光合作用。叶子还可以形成特别的分层排列方式——叶镶嵌，使叶片间尽可能地互不遮光。

▶ 植物激素有哪些主要类型？

植物激素的五大主要类型分别是生长素、赤霉素、细胞分裂素、乙烯和脱落酸。

表2.5 植物激素的主要类型

激　　素	主　要　作　用	在植物体中产生或存在的部位
生长素	使幼苗、茎尖、胚及叶子中的细胞增长	顶芽分生组织
赤霉素	促进种子、根、茎和嫩叶中的细胞分裂、分化	根和茎的顶端
细胞分裂素	激活种子、根、嫩叶及果实中的细胞分裂（胞质分裂）和分化	根
乙　　烯	加速果实成熟	叶、茎、幼果
脱落酸	抑制生长；关闭气孔	成熟的叶、果实和根冠

▶ 几种主要的植物激素被发现的时间及相关人物介绍

生长素。查尔斯·达尔文（1809—1882）及其子弗朗西斯（Francis，1848—1925），最先对一些有关生长调节物质进行了实验，并于1881年在《植物运动的力量》一书中公布研究成果。1926年，弗瑞茨·W.温特（Frits W. Went，1903—1990）从燕麦幼苗的顶尖中分离出促进细胞增长的化学物质。他将这种物质命名为"生长素"，英文对应名auxin来自希腊语中的"auxein"，意为"增长"。

赤霉素。1926年日本科学家黑泽英一（Eiichi kurosawa）发现了一种真菌产生的物质——藤仓赤霉，这种菌能使水稻秧苗染病（徒长病），染病的秧苗生长迅速，但呈现病态，之后便发生倒秧。1938年，日本化学家薮田贞治郎（Teijiro Yabuta，1888—1977）和住木谕介（Yasuke Sumiki，1901—1974）分离出这种化合物，并将其命名为赤霉素。

细胞分裂素。1941年，约翰内斯·冯·奥弗贝克（Johannes van Overbeek）

在椰奶中发现了一种有效的生长因子。20世纪50年代，福尔克·斯库格（Folke Skoog，1908—2001）提纯出这种生长因子的千倍纯化样本，但却无法将其分离出来。之后卡洛斯·O. 米勒（Carlos O. Miller，1923—2012）、斯库格及两人的同事们成功分离出这一生长因子，并确定其化学特性。他们将其命名为"激动素"，且因其参与胞质分裂或细胞分裂，而将激动素所属的生长调节剂类组命名为细胞分裂素。

乙烯。早在1926年发现生长素之前，乙烯对植物的影响就已不是秘密。在古代，埃及人使用乙烯催熟果实。19世纪初期，人们发现位于燃气路灯旁的遮阴树，会在逸出的气体的作用下落叶。1901年，迪米特里·奈留波夫（Dimitry Neljubov）证明燃气中的活性有效成分即为乙烯。

脱落酸。菲利普·F. 威尔林（Philip F. Wareing，1914—1996）在桉树和土豆的休眠芽中发现了大量的生长抑制剂，他称之为"休眠素"。随后在20世纪60年代，弗雷德里克·T. 阿迪考特（Frederick T. Addicott，1912—2009）在叶和果实中发现一种可加速脱落的物质，他称之为"脱落素"。不久之后，休眠素和脱落素被证明为同一种物质。

▶ **最近发现的控制植物生长的化学调节剂有哪些？**

表2.6 控制植物生长的化学调节剂

调 节 剂	化学性质	作　　用
油菜素内酯	类固醇	刺激细胞分裂并增长，使植物正常生长
水杨酸	酸酚类化合物	激活病原体防御基因
茉莉酮酸酯	挥发性脂肪酸衍生物	调节种子萌发、根的生长、储藏蛋白质及防御蛋白质的合成
系统素	小　肽	产生于受伤的组织系统；具有信号传导作用

▶ **植物激素在商业上有哪些应用？**

植物激素的应用非常广泛，它可以从某些方面来调节植物的生长发育。生长素被用于生产商业除草剂，亦被用来促进根的形成。生长素常被称为

"生根激素",在栽种前被施于插条上。有的植物激素用来提高植物果实产量,并防止收获前落果。在汤普森无籽葡萄的开花期喷洒赤霉素,可减少花簇上的花量,允许剩余花朵绽放,增大果粒。赤霉素亦可用于促进发芽,刺激葡萄、柑橘、苹果、桃子和樱桃等的幼苗早期发芽。赤霉素用在黄瓜植株上,可促进雄花的形成,有助于杂交种子的培育。

▶ 短日照植物和长日照植物之间有何区别?

短日照植物和长日照植物都对光周期现象或24小时中的明暗变化有所反应。短日照植物在白昼短于临界值时成花,而长日照植物则在白昼长于临界值时成花。短日照植物在中纬度地区的夏末或秋季开花,如菊花、一品红、大豆和豚草。长日照植物则在春日或夏初开花,如三叶草、鸢尾和蜀葵。花匠和花商可通过调节植物能接受的光照量以调整开花时间。

▶ "林奈花钟" 是什么?

卡尔·林奈(1707—1778)首创生物双名法分类系统,发明可告知白日时间的花钟。经过数年的观察,他发现一些植物总在一天中固定的时间开放或闭合。根据植物种类的不同,花朵开放和闭合的时间也随之不同。人们可依据某一种植物开花和闭合的时间大致推断当下的时间。于是林奈在花园里栽种了当地一些即便在阴暗或寒冷的天气里也会开花的植物,并根据一天中不同植物开花的早晚确定排列顺序。他将此称为"花钟"。

▶ 谁是首位进行植物组织培养的科学家?

组织培养是在人工培养基中培养植物体某一组成部分的技术,它基于1902年德国植物学家戈特利布·哈伯兰特(Gottlieb Haberlandt, 1854—1945)提出的组织培养理论。哈伯兰特认为植物细胞是全能的,每一个细胞都具备同样的基因,都有发育成完整单体或其他细胞类型的遗传潜能。后来植物学家们开始验证他的想法,而能证明细胞全能性的证据便是用一个细胞或几个非合子细胞培养出一个完整的植物体。早期的试验皆以失败告终。所培养的细胞只存活了很短的时间,并无细胞分裂发生,很快便死亡了。

▶ 谁最终证明了植物细胞的全能性?

1958年,康奈尔大学的植物学家弗雷德里克·斯图尔德(Frederick Campion Steward, 1904—1993)用一小片韧皮部成功培养出一株完整的胡萝卜。小片的胡萝卜组织被养在一个营养液体培养基中。从碎片上脱落的细胞反分化恢复成未特化细胞。在这些未特化细胞生长的过程中,它们发生分裂,并重新分化为不同的特化细胞。最终,细胞的分裂和再分化产生了完整的新植物体。培养基中的每一个未特化细胞都表现出,具有生成植物体所有其他类型细胞的遗传潜能。为什么斯图尔德能够成功?跟以往的研究者一样,他为细胞提供了糖、矿物质和维生素。另外,他增加了一种成分——椰浆。椰浆中含有一种能够激活细胞分裂的物质。后来的研究确定这种物质为细胞分裂素,一种能刺激细胞分裂的植物激素。培养的细胞一旦开始分裂便会被移植到琼脂培养基中。在那里,细胞会生根发芽,长成完整的植物体。

▶ 如果植物都含有叶绿素,为什么有些还需要寄生?

寄生植物从其他植物体中获取营养,对其他植物体造成伤害。单花列当和槲寄生在阔叶树上寄生,檀香从周围的草中获取养分,水晶兰从菌根中吸收营养。许多寄生植物缺乏叶绿素,无法进行光合作用,只能完全依赖寄主获取营养物质。而有的植物,即便有叶绿素,仍旧无法保证自给自足。槲寄生和独脚金都是绿色植物,但它们仍需寄生。这些植物的绿色部分仅仅含有光合作用所需的少量的几种酶。寄生植物与寄主之间由吸器相连。许多情况下,两种植物的木质部发生连接,这样的接点有一个甚至更多。寄生植物大部分依靠叶片蒸发水分,而从寄主的木质部吸取含有养分的水。许多寄生植物的气孔哪怕在夜里都至少保持半开状态,以便从寄主身上源源不断地吸取营养。

用　　途

▶ **哪些重要的纤维取自植物的厚壁组织?**

多种常用纤维取自植物的厚壁组织。

表2.7　取自植物厚壁组织的常用纤维

通 用 名	学 名	用 途
Musa textilis	蕉 麻	粗绳或细绳
Agave sisalana	剑 麻	粗绳或合股线
Furcraea gigantea	缝线麻	粗绳、细绳或粗织物
Cannabis sativa	大 麻	帆布、合股线或绳子
Linum usitatissimum	亚 麻	亚麻布
Boehmeria nivea	苎 麻	东方纺织品或布料
Corchorus capsularis	黄 麻	粗织物,包括地毯、衬垫、包袋、粗麻布和粗麻袋

▶ **哪种纤维的纤维细胞最长?**

苎麻的纤维细胞最长,长度超过30 cm。苎麻纤维常用于纺织,且苎麻纤维比棉纤维更强韧。

▶ **棉花是否同其他纤维一样,是一种厚壁组织?**

棉花是一种重要的商品纤维,但它并不是厚壁组织。棉花纤维是表皮细胞上生长的毛状体,长度可达6 cm。因为没有木质素,棉花柔韧绵软,事实上,棉纤维中的95%都是纤维素。

▶ 大麻有什么历史意义？

在美洲殖民时代早期，大麻就像现在的棉花一样普及。它易于种植，只需很少的水分，不用施肥，且很少有病虫害。大麻织物的外表和手感类似于亚麻。它被用来制作士兵的制服、造纸(《独立宣言》的前两稿就是用大麻纸书写的)，是一种用途很广的纤维。贝茜·罗斯(Betsy Ross)制作的美国国旗用的就是红色、白色和蓝色的大麻布料。

▶ 石细胞存在于植物的什么部位？

石细胞存在于植物的根部、茎干和种皮中。梨子柔嫩的皮肉中散布着一群群石细胞，使其具有了沙砾般的质地。石细胞还令坚果的外壳和种皮变得坚硬。

▶ 纸莎草的哪一部分被用来造纸？

纸莎草秆或茎中央的木髓被切成细条，放在一起压紧，干燥后便能形成平滑的书写面。细条纵向水平排列好后，另一组细条与其垂直交叉相织。完成后的成品即为一页纯白色纸张。

▶ 如何用树木的年轮来确定历史事件的年代？

对树木年轮的研究称为年轮学。每一年，树木都会长出一个环圈，环圈由一个径宽色浅的环和一

因为没有木质素，棉花柔韧绵软。事实上，棉纤维中的95%都是纤维素

个径窄色深的环相叠而成。在春天和初夏,树干细胞迅速生长并增大,因而产生宽且浅的环。而在冬天,树木生长速度大大减缓,细胞也小得多,因而产生窄且深的环。在极冷的冬天和干热的夏天,细胞会停止生长。将未知年龄的死树的树干段与活树的年轮相比较,科学家们便能推断死树存活的年份。这一方法曾被用来推断遍布美国西南部的古代印第安人村落存在的年代。年轮学有一个分支叫作树木气候学。科学家们通过研究一些古树的年轮,来确定过去的气候状况。干旱、污染、虫害、火灾、火山爆发和地震等均能在树木的年轮上留下印记。

▶ 硬材与软材有何区别?

"硬材"和"软材"是区分木材的商业术语。硬材指的是双子叶植物的木材,不论其质地软硬与否。软材指的是针叶树的木材。许多硬材产自热带地区,而几乎所有的软材都产自北温带的森林。

▶ 为什么树叶在秋天会变色?

使树木在秋天换装的是类胡萝卜素(进行光合作用的细胞中的色素),它在生长季便已存在于叶片中了。不过,此时绿色的叶绿素掩盖了类胡萝卜素的颜色。临近夏末,日照减少,温度降低,树木不再产生叶绿素,此时类胡萝卜素的颜色(如黄色、橙色、红色或紫色)便显现出来了。

表2.8 常见树木秋叶的颜色

树　　木	颜　　色
糖枫、漆树	火红和橘黄
红枫、山茱萸、黄樟、猩红栎	深红
杨树、桦木、鹅掌楸、柳树	黄色
白蜡树	李子紫
橡树、山毛榉、落叶松、榆树、山核桃、美国梧桐	黄褐色或棕色
洋槐	落叶前为绿色
黑胡桃、灰胡桃	在变色前落叶

◉ 为什么秋叶有的年份红艳而有的年份颜色暗淡?

要产生红色的秋叶需要具备两个必要因素。在树叶产生糖分时,必须要有温暖且阳光充足的天气条件,且暖日之后的晚间温度须降至7℃以下。这样的双重气候条件能将糖及其他矿物质锁在树叶中,从而产生红色的花青苷。温暖多云的天气无法产生明亮的色彩。光照减少导致糖的产出也随之减少,这些少量的糖被输送至树干和根部,无法呈现色彩效果。

◉ 枫糖浆是如何收集的?

枫糖浆取自糖枫树的树干。产生枫糖浆要求日温度在冰点和

树干横切面的年轮能指示树木的年龄

融冰温度之间起伏。寒冷的夜里(温度在冰点以下),在刚刚过去的夏天生产并储藏在树木中的淀粉被转化为糖。白日里,温度升到冰点以上,在木质部的边材会形成一个正向的压力。此时若将小插管插进边材,正压会令糖汁以每分钟

 ▸ 谁最先发现树干横切面的年轮数量表示树木的年龄?

画家、科学家莱奥纳多·达·芬奇(Leonardo da Vinci,1452—1519)注意到这一现象。他还观察到年轮的宽度能指示对应年份的湿度。宽度越大说明树木周围土壤中的水分越多。

100到400滴的速度流出树干,直到温度降至冰点以下为止。

▶ 什么是次生代谢物? 植物产生的此类化合物有哪些?

次生代谢物是植物体产生的化合物,它们对植物自身的存活和繁殖至关重要。次生代谢物是植物对环境事件做出反应的化学信号,参与植物针对食草动物、病原体和竞争者的防御战。有的次生代谢物能保护植物免受太阳辐射的伤害,能协助传播花粉和种子。次生代谢物产自细胞的不同位置,主要储存在液泡中。三类主要的次生代谢物分别是生物碱、萜类化合物和酚类物质。

表2.9 植物的次生代谢物

化 合 物		来 源	应 用
生物碱	吗 啡	罂 粟	止痛药
	可卡因	古 柯	眼部手术和牙科中的麻醉剂;常被非法滥用
	咖啡因	咖啡,茶,可可	多种饮品中的兴奋剂
	尼古丁	烟草叶	兴奋剂;毒性大,吸食烟草会对人体造成危害
	毒芹碱	欧毒芹	神经毒素;毒死了苏格拉底
	士的宁	马钱子树	强神经毒素和惊厥药
	筒箭毒碱	箭毒马钱子树	外科手术中的肌肉松弛药;箭毒的来源
	可待因	罂 粟	镇咳剂
	阿托品	埃及莨菪和颠茄	眼科检查中的散瞳药,神经毒气的解毒剂
	长春新碱	长春花	某些类型白血病的主要治疗药物
	奎 宁	金鸡纳树	杜松子酒的配料;用来预防疟疾
萜类化合物	薄荷醇	薄荷和桉树	气味浓烈;用在咳嗽药中
	樟 脑	樟 树	消毒剂和增塑剂的组成成分
	假荆芥内酯	假荆芥	对猫极具吸引力
	洋地黄苷	洋地黄	复苏心脏的强心剂
	欧夹竹桃苷	欧洲夹竹桃	心脏病药物(与洋地黄苷类似)
	番茄红素	番茄	红色或橙色染料

化 合 物		来 源	应 用
萜类化合物	橡胶	橡胶树	橡胶轮胎的成分
	紫杉醇	太平洋紫杉	抑制癌症肿瘤，尤其是卵巢癌
酚类物质	水杨苷	柳　树	治疗头痛发热的土方药，后被阿司匹林取代
	水杨酸	胡　桃	一些单宁的主要成分
	肉豆蔻醚	肉豆蔻	调味料肉豆蔻的主要成分
	芸苷	荞　麦	保健品商店里常见的生物类黄酮

▶ 什么是植化相克？

植化相克是指某些植物释放出化学物质，抑制周围竞争性植物的生长发育。这些化学物质通常为萜烯类或酚类，可存在于植物的根、茎、叶、果实或种子中。植物之间这种关系的一个例子是黑胡桃树。黑胡桃树的叶子和绿色茎中的一种化合物通过降雨渗透到土壤中，经水解氧化产生另一种化合物胡桃酮。胡

秋天，各种枫树的叶子色彩最为鲜艳

烟草种子。烟草叶中的尼古丁是一种生物碱和强兴奋剂，毒性很大，吸食烟草会对人体造成危害

桃酮对很多植物来说有剧毒，且能抑制许多种子发芽。番茄或紫花苜蓿若生长在黑胡桃周围便会枯萎，如果它们的根与黑胡桃的根接触，它们的幼苗便会死亡。同样，生长在黑胡桃周围的白松和洋槐也常常被杀死。植化相克的另一个例子是银叶鼠尾草和加州蒿，它们会释放樟脑和桉树脑，周围直径3～3.6 m的范围内都没有其他种类的植物。

 最先被识别的生物碱是什么？

吗啡（取自罂粟）于1806年被德国化学家弗里德里克·威廉·A.赛特纳（Friedrich Wilhelm A. Sertürner, 1783—1841）成功分离出来。在那之后，近一万种生物碱被发现和确认。

▶ 什么是"疯草"?

在美国西部,豆科植物疯草(醉马草)曾是令牧场主们十分头疼的问题。它们被认为是对马、羊、牛等危害最大的有毒植物。Loco在西班牙语中意为"疯狂",它被用来形容动物中毒后产生的蹒跚、颤抖、乱冲乱撞、产生幻觉等一系列行为。这些有毒化合物是一类不寻常的生物碱,能影响中枢神经系统中的某些细胞,因此误食的动物会产生上述异样的行为。

▶ 以次生木质部(木材)和次生韧皮部(树皮)为原料的产品有哪些?

在美国,以本地树木的次生木质部和次生韧皮部为原料的产品达5 000余种。绝大多数产品由木材直接加工而成,如栅栏、电线杆、房屋、家具、木地板、运动用品(船桨、滑雪板、球拍、保龄球、棒球和台球杆等)和乐器(小提琴)等。木材还被用来制作饰面薄板、胶合板和刨花板等。另一些原材料是木材的产品包括纸浆、木柴、木炭、纺织品、绳索、调味品(肉桂)、染料、药品(奎宁、紫杉醇)和单宁等。

三
动物多样性

简介及历史背景

▶ 动物的主要性状有哪些?

    动物是生物中一个非常多元化的群体,所有的动物都具有某些特定的共同点。动物是异养的多细胞真核生物,它们在体内消化食物。动物细胞缺乏在植物和真菌中起支撑作用的细胞壁。大多数动物有肌肉系统和神经系统,当有外界环境刺激时可以快速做出反应。此外,大多数动物在二倍体时期进行有性繁殖。在大多数物种中,非运动性的卵细胞较大,由小的有鞭毛的精子进行授精,从而形成一个二倍体合子(受精卵)。受精卵向特定形式动物的发育,取决于在胚胎发育过程中特定调节基因的受控表达。

▶ 谁被认为是"动物学之父"?

    亚里士多德(Aristotle,公元前384—前322),被认为是"动物学之父"。他对动物学的贡献包括:发现大量关于动物种类、身体结构和动物行为的信息;获得活的生物体各部分的分析数据;开创生物分类学。

▶ 谁被认为是"现代动物学之父"？

康拉德·格斯纳（Conrad Gessner，1516—1565），瑞士博物学家，人们公认他是"现代动物学之父"，这是基于他的三卷本《动物史》，这三本书在十六、十七世纪的欧洲被作为其他人研究动物学的标准参考著作。

▶ 谁被认为是实验动物学的奠基人？

亚伯拉罕·特伦布莱（Abraham Trembley，1710—1784），瑞士科学家，被认为是实验动物学的奠基人。他的很多研究都涉及研究水螅的再生。

▶ 动物如何分类？

动物在分类上属于动物界。大多数动物学家把这一个界分成两个门：1）无脊椎动物（英文为Parazoa，源自意为"在……旁边"的希腊词Para和意为"动物"的zoa）；2）真后生动物（英文为Eumetazoa，源自意为"真实的"的希腊词eu，意为"稍后"的meta和意为"动物"的zoa）。目前唯一现存的侧生动物是海绵（多孔动物门）。海绵动物与其他动物差别很大，尽管它属于多细胞生物，但它和群居的单细胞原生动物的功能很相似。海绵动物的细胞具有全能性，可以改变形式和功能。这种细胞不会形成组织和器官，且不具有对称性。其他所有动物都拥有真正的组织，具有对称性，被归类为真后生动物。

▶ 动物如何按照身体对称性分类？

对称是指身体结构的排列与身体的轴线有关。大多数动物要么表现出辐射对称，要么表现出双侧对称。动物中如水母、海葵和海星具有辐射对称的性质。辐射对称的身体一般呈车轮状或圆柱形，以及类似从中心轴辐射出像辐条一样的对称结构。其他的对称动物身体都表现为双侧对称，它们左右两部分是彼此身体结构的镜像。两侧对称的动物通常有一个顶部和底部，分别称为身体的背侧和腹侧部分。它也有一个前部（或额头）和一个后部（或臀部）。

▶ 动物如何根据体腔类型分类？

大多数动物的身体结构发展是从三个胚胎组织层开始的。最外层是外胚层，是人产生身体和神经系统的外层。最内层是内胚层，形成消化管和其他消化器官的内里层。在这两者的中间层是中胚层，能形成身体结构的其他部分，包括肌肉、骨骼结构和循环系统。一个将具有三个胚层（三胚层）的动物进行分组的系统，是基于动物体内腔的存在和类型，或者说体腔，也就是动物体壁和消化道之间被流体填充的空间。扁形虫（扁形动物门）这样的无体腔动物有一个坚实的身体，没有体腔。假体腔动物有一个假体腔，因为它们的体腔中没有中胚层；假体腔动物包括蛔虫（线虫门）和轮虫（轮虫门）。体腔动物有中胚层间隔的完整体腔，大多数动物属于体腔动物，从蚯蚓（环节动物门）到脊椎动物（脊索动物门）。

▶ 什么是无体腔动物？

无体腔动物没有体腔，它包括海绵动物、海蜇和简单的蠕虫动物。

▶ 有多少种不同的动物？

生物学家描述和命名的动物已经超过百万种，而且许多生物学家相信仍有几百万到千万以上的物种有待发现、分类和命名。

▶ 无脊椎动物和脊椎动物之间的区别是什么？

无脊椎动物指没有脊骨的动物。几乎所有的动物（99%）都是无脊椎动物。在超过一百万种的已经鉴定的动物中，只有约42 500种有脊柱，因此被称为脊椎动物。大多数生物学家相信数百万尚未被发现的物种都是无脊椎动物。

表3.1　体积庞大和体积微小的脊椎动物

动物分类与名称		长 度 和 重 量
最大的脊椎动物	海洋哺乳动物　蓝　鲸	长30.5～33.5 m,体重122.4～189.6吨
	陆地哺乳动物　非洲象	雄象的肩高3.2 m,体重4.8～5.6吨
	现存鸟类　北非鸵鸟	高2.4～2.7 m,体重156.5 kg
	鱼　类　鲸　鲨	长12.5 m,体重15吨
	爬行动物　湾　鳄	长4.3～4.9 m,体重408～680 kg
	啮齿类动物　水　豚	长1～1.4 m,体重113.4 kg
最小的脊椎动物	海洋哺乳动物　黑白海豚	体重22.7～31.8 kg
	陆生哺乳动物　猪鼻果蝠、鼩鼱	猪鼻果蝠长2.54 cm,体重1.6～2 g；鼩鼱长3.8～5 cm,体重1.5～2.6 g
	现存鸟类　蜂鸟	长5.7 cm,体重1.6 g
	鱼　类　侏儒虾虎鱼	长8.9 mm
	爬行动物　壁　虎	长1.7 cm
	啮齿类动物　北侏鼠	长10.9 cm,体重6.8～7.9 g

海绵动物和腔肠动物

◉ **最原始的动物种群是什么?**

　　海绵动物(多孔动物门,英文为sponges,源自意为"小孔"的拉丁语porus,和意为"产生"的拉丁语fera)代表着最原始的动物种群。这些生物体没有真正的组织和器官,未经分化和整合,不具备身体对称性,是由特化细胞聚合而成的。海绵的身体遍布着孔道,这些孔道通向内部的腔室。海绵通过这些孔道吸水,并且通过位于水腔室顶部的出水孔排水。当水通过身体时,营养物质与氧气被吸收，水和废物被排出。海绵动物有一种独特的领细胞（一种鞭毛细胞），这些细胞通过身体腔体的振动驱动流水，类似于一个悬挂的进食器（也被称为过滤性动物）。

▶ 海绵动物的基本组成部分有哪些?

支撑海绵身体的骨骼是一种硬晶体，这种硬晶体称为骨针，它的形状和构成是分类学上重要的特征。钙质海绵的骨针由碳酸钙（与大理石、石灰石一样的成分）构成。硅质海绵，或者说玻璃海绵的硅质骨针为二氧化硅，这些骨针形成了一个精美、透明的网状物。寻常海绵由硅质骨针和与胶原蛋白相似的纤维蛋白网络构成。寻常海绵是天然家用海绵的来源，天然家用海绵是通过将死海绵浸泡在浅水中，直至所有的细胞物质降解，只留下海绵骨架制作而成。然而，现在大多数的家用海绵都是塑料制成的，没有使用真正的海绵。

▶ 平均每只海绵一天循环的水量是多少?

一只10 cm长、直径为1 cm的海绵，一天内能通过它的身体泵送22.5 L的水。为获得足够的食物以增加100 g的生长重量，海绵必须过滤约1 000 kg的海水。

▶ 海洋海绵更多,还是淡水海绵更多?

大约有5 000种海洋海绵和150种淡水海绵。

▶ 是什么造就了海绵的各种颜色?

活的海绵可能会有各种鲜亮的颜色，例如绿色、蓝色、黄色、橙色、红色、紫色，也有可能是白色和褐色。这些明亮的颜色是由寄居在海绵表面或体内的细菌和藻类造成的。

▶ 哪些动物是刺胞动物门（the phylum cnidaria）的成员？

珊瑚、水母、海葵和水蛭是刺胞动物门的成员。刺胞门类英文名称cnidaria（来源于希腊语knide，意思是"荨麻"，及拉丁语aria，意思是"类似的或连接的"）与这些动物的刺状结构有关。这些生物有一个消化腔，消化腔向外只有一个开口。该开口由一圈用于捕捉食物、防御捕食者的触须环绕。在触须与外体表的细胞含有刺状的、像鱼叉般的结构，被称为刺丝囊。刺胞动物是动物层级中第一类将自己的细胞形成组织的群体。

▶ 刺胞动物的两种不同的身体形态是什么？

这两种不同的身体形态称为水螅体阶段与水母体阶段。水螅体阶段一般吸附于坚硬的表面生长并出芽生殖产生更多的水螅体。也有一些刺胞动物在生活周期中存在着水母体阶段。这些水母体随着洋流漂移，或者通过有规律地搏动让伞状的身体游动。水母体将精子与卵子释放到水中进行体外受精。受精后，胚胎发育成幼体，幼体最终沉到海底发育成另一只水螅，然后完成生命周期。不是所有的刺胞动物都要经过水螅体与水母体两个阶段。一些动物，如珊瑚和海葵，仅存在水螅体阶段。

▶ 最大的水母叫什么？

最大的水母是发形霞水母。它的直径可能超过2 m，并且拥有30 m长的触须，是最大的无脊椎动物。

▶ 水母有哪些有趣的特征？

水母大多生活在海滨附近，并且大部分时间漂浮在洋面。水母拥有含水量达95%至96%的钟形身体。水母钟形身体边缘的肌肉环通过有节奏的收缩，推动其在水中游动。水母是食肉动物，利用带刺触手制服它们的猎物，再将被麻痹的动物拖进消化腔。水母的身体呈凝胶状，你能透视它们的身体。

水母和僧帽水母的蜇刺是否会致人死亡？

　　水母的触须对人们来说是非常危险和疼痛的，但是它们一般不是致命的。大多数触须的蜇刺会引起疼痛、灼烧的感觉并持续几个小时，也可能造成伤痕和引发皮疹。只有箱水母（*Chironex fleckeri*）的刺会导致人类死亡。箱水母是唯一需要一种特定救生解毒药的水母。僧帽水母的触须的蜇刺会立刻让人产生灼烧感和可能含有白色伤口的红肿。在严重的情况下，可能产生水疱和像一串珠子的伤痕，却不是致命的。在海滩上，即使是掉落的僧帽水母触须在几个月之内都可能是危险的。

刺丝囊怎么工作？

　　所有的刺细胞动物都有着特殊的细胞器——刺丝囊。每个刺丝囊有一条沿倒钩刺排列的盘绕丝状管，管的内部带有脊状的突起。刺丝囊用于捕捉猎物，也可用于防御外敌。当它被触动时，细胞内会有非常高的渗透压，导致水涌进丝囊内，静水压力增加并强力将刺丝射出，倒钩即刻刺入猎物体内，并且释放出剧毒蛋白质。

哪些鱼类与葡萄牙僧帽水母有共生关系？

　　葡萄牙僧帽水母作为刺胞动物的一员，是一种漂浮的水螅纲动物。它是浮囊体或浮体、指状体或触须、营养体、生殖体（产生配子）这四种不同类型水螅体所组成的集群。与葡萄牙僧帽水母共生有很多种属的鱼类，包括双鳍鲳（与鲹鱼类似的鱼）、海葵鱼（又名军舰鱼）和黄鳍。这些鱼大多数生活在葡萄牙僧帽水母的触须处。这些鱼尤其是海葵会产生一种黏液，这种黏液会让僧帽水母不去激发刺丝囊。双鳍鲳不能产生这种保护的黏液，却能依靠一种特殊的游动方式——按顺时针和逆时针方向在水面附近循环游动以避免被水母刺到。

▶ 哪些刺胞动物具有重要的经济意义？

造礁珊瑚是最重要的刺胞动物之一。珊瑚礁在所有生态系统中是生产力最高的。几千年以来，在热带海洋中，由活的生物体构建了庞大的碳酸钙（石灰）堆积。与珊瑚有联系的鱼类以及其他动物为人类提供了重要的食物来源，珊瑚礁同时也吸引了游客。许多陆生动物也受益于珊瑚礁，珊瑚礁构成和维持了几千个岛屿的岛基。通过提供抵抗海浪的屏障，珊瑚也保护海岸线抵抗暴风雨和侵蚀作用。

▶ 珊瑚白化是否与环境的改变有关？

虽然珊瑚能捕食猎物，但是许多热带珊瑚仍然依靠光合藻类（虫黄藻）获取营养物质。这些藻类生活在珊瑚消化腔的一排细胞中。珊瑚与虫黄藻的共生关系是双赢的。藻类将氧、碳和氮的化合物提供给珊瑚；珊瑚将氨（排泄物）提供给虫黄藻，藻类再将其转化为含氮化合物，互利共生。珊瑚白化是因为生活在其细胞内的有颜色藻类（虫黄藻）缺失所致。在白化珊瑚中，这种藻类丢失了它们天然的色素，被逐出珊瑚细胞。没有这种藻类，珊瑚就会营养失调或死亡。珊瑚白化的原因还不完全清楚，但是有人认为与环境因素有关，污染、细菌入侵（如弧菌）、盐度变化、温度变化和高浓度的紫外辐射（与臭氧层的破坏有关）都会引发珊瑚褪色。

▶ 珊瑚礁是如何形成的？它们形成的速度有多快？

珊瑚礁只出现在温暖的浅海。珊瑚虫死去后，它们的碳酸钙骨骼成为一个框架，更年轻的珊瑚虫层层紧贴堆积。这样的积累，再加上不断上升的海平面，慢慢形成长度和深度可达数百米的珊瑚礁。珊瑚虫（又叫水螅体）为柱状结构；身体下端附连到礁石的坚硬的面上，而上端则自由地延伸到水中。整个集群包括成千上万的珊瑚虫个体。珊瑚有两种，硬珊瑚和软珊瑚，这主要取决于其分泌形成的骨骼类型。硬珊瑚的珊瑚虫会在它们自身周围堆积固态的碳酸钙骨骼，所以大多数的游泳者只看到了珊瑚的骨骼。这种珊瑚虫身处一种茶杯状的结构中，在白天时它缩到里面。佛罗里达州和加勒比海海域珊瑚礁的主要建设者——大石星珊瑚

（*Montastrea annularis*）需要100年的时间才能形成高1 m的珊瑚礁。

▶ "水螅"（hydray）的英文名源自哪里？

　　水螅是刺胞门动物的知名成员，是一种生活在淡水池塘中的微小（0.4或1 cm长）生物。水螅作为个体单独生存，它附着一个基盘，并能通过基盘在周围滑行。它也能以翻跟头的方式运动。水螅通常有6至10个用于捕捉食物的触手。水螅有有性生殖与无性生殖（出芽生殖）两种繁殖方式。水螅的英文名为"九头蛇"（hydray），九头蛇是古希腊神话中的多头怪，每个头被砍下后，能长出两个新的头。当一条水螅被切成几块时，每块能重新长出所有缺失的部分，成为一个新的个体。

蠕　　虫

▶ 扁虫包括哪三种群类？

　　扁虫属于扁形动物门。扁虫是扁平、细长无体腔的动物，表现为两侧对称性并且具有原始器官。扁虫的成员包括涡虫、吸虫和绦虫。

▶ 什么是人类最常见的绦虫感染？

　　绦虫，绦虫纲的成员，体长，身体扁平且含有一系列线性的生殖器官。每一组或段称为一个体节。

表3.2　人类最常见的绦虫感染

绦　　虫	感染的方式
牛肉绦虫（*Taenia saginata*）	吃半熟的牛肉；人体中最常见的绦虫
猪肉绦虫（*Taenia solium*）	吃半熟的猪肉；相较牛肉绦虫而言不常见
鱼类绦虫（*Diphyllobothrium latum*）	吃半熟或未煮熟的鱼；在美国大湖地区相当普遍

▶ 鱼类绦虫为什么不寻常?

鱼类绦虫是人会感染的绦虫中最大的一种,它能长到20 m。相较之下,牛肉绦虫只能长到10 m。

▶ 蛔虫有多少种?

蛔虫,又称线虫,是线虫动物门(英语单词Nematoda来源于希腊语nematos,意思是"线")的成员,并且有很多种类。这里有两个方面的意思:1)已知的和未知的种类数多;2)在一个栖息地中蛔虫群体的总数大。已被命名的线虫大约有12 000种,但据估算如果所有蛔虫的种类都为人所知的话,将接近500 000种。线虫生活在从海洋到陆地的各种栖息地里,100 cm^2的土地可能生活着数千条线虫;1 m^2的林地或农田土壤可能生活着几百万只线虫;优质肥沃的土壤中每亩可能生活着数千亿条线虫。

▶ 最著名的蛔虫是什么?

一种土壤线虫——秀丽隐杆线虫被广泛地培养并已成为发育生物学的模式实验生物。2002年的诺贝尔生理学或医学奖得主西德尼·布伦纳(Sydney Brenner, 1927—2019)于1963年开始研究这个物种。它通常生活在土壤里,也很容易在实验室的培养皿中生长。它的长度仅有1.5 mm,由959个细胞组成的简单、透明的身体,并且从受精卵成为成熟的个体只要3.5天。秀丽隐杆线虫的基因组含有14 000个基因,是第一种基因组被完全测定的动物。这种线虫微小透明的身体,容许研究者定位其体内一个特定的与发育有关的细胞,这一细胞中有关发育的重要基因十分活跃。这些细胞显示为明亮的绿色斑点的照片,它们经过了基因改造,因而能产生绿色的荧光蛋白,故被称为绿色荧光蛋白(GFP)。它的完整神经系统的线路图已被了解,包括所有的神经元和它们的连接情况。大部分线虫遗传学和秀丽隐杆线虫的研究所获得的知识被应用到了其他动物的研究中。

在美国最常见的人类感染的蛔虫是什么？

表3.3　人类常见的蛔虫感染

蛔　虫	感染方式
钩　虫（*Ancylostoma duodenale*; *Necator americanus*）	接触土壤的青少年；常见于南方的州
蛲虫（*Enterobius vermicularis*）	吸入含有卵的粉尘和弄脏的手指；美国最常见的寄生虫
小肠蛔虫（*Ascaris lumbricoides*）	吃了含有卵的被污染的食物；阿帕拉契亚和西南各州的农村
旋毛虫（*Trichinella spiralis*）	摄入受感染的食物

环节蠕虫的主要种类有哪些？

环节蠕虫是环节动物门的成员，身体左右对称，具有100至175个环形分节的管状体。环节蠕虫有三类：1）多毛纲，沙蚕和管虫；2）寡毛纲，蚯蚓；3）蛭纲，水蛭。

蚯蚓在哪些方面对环境有益？

蚯蚓（earthworm）有助于保持土壤肥沃。如其英文名称字面意思，蚯蚓是依靠吃掉它遇上的土壤和腐烂植物的方式来生存的。当它移动时，土壤被翻动，土壤与空气充分接触，因为得到了蚯蚓排出的含氮废物而更加肥沃。查尔斯·达尔文计算出，一条蚯蚓每天可以吃掉与自身同等重量的土壤。它吃的大部分土壤以管状形式被排泄到地表。在它接下来的挖掘过程中，蚯蚓又将这些管状物埋掉。除此以外，达尔文声称0.01 km² 的土壤可能生活着155 000条蚯蚓，它们能在一年内将18吨土壤带到地表，并可在20年内铺成一个11 cm厚的新土层。

巨型管状蠕虫是什么？

1977年，当"阿尔文"号潜水器在探索加拉帕戈斯海脊的海底（位于太平洋洋面以下2.4 km，在距离加拉帕戈斯群岛322 km处）时，在热液（热水）海洋喷口的附近发现了这些巨型管状蠕虫。琼斯巨型管状蠕虫（*Riftia pachyptila Jones*），因美国自然历史博物馆史密森尼博物院的蠕虫专家梅雷迪斯·琼斯而命名。当它长到1.5 m时，没有口腔和肠道，顶部覆盖着由超过20万根细小的触手组成的羽毛状物体。这些蠕虫的惊人长度是由于其内部的食物来源——共生细菌。这些共生菌生活在蠕虫的营养体组织中，每克组织有超过30亿个共生菌。蠕虫将从水中吸收的氧气、二氧化碳和硫化氢输送到这些营养体组织中。利用这种供应，细菌又生产出蠕虫生长所需的碳水化合物和蛋白质。

▶ 最长的水蛭有多长？

虽然大多数水蛭的长度在2～6 cm，但是医用的水蛭长度能够达到20 cm。水蛭中的巨无霸是亚马孙流域的巨人水蛭（学名 *Haementeria ghilanii*，来源于希腊语haimateros，意思是 "血腥的、残忍的"），能达到30 cm长。

▶ 为什么水蛭在药用方面很重要？

医用水蛭——欧洲医蛭用于去除因受伤或疾病而导致的组织的血液淤积。水蛭也被用于断指重接手术。水蛭的吸吮能疏通微小血管，让身体中某部分的血液恢复正常流动。水蛭可释放由其唾液腺分泌的水蛭素，水蛭素是一种能防止血液凝固和溶解已存在的血块的抗凝血剂。水蛭唾液的其他成分能扩张血管，并作为一种麻醉剂。一只医用水蛭能吸收5至10倍于它自身重量的血液。水蛭全部消化这些血液需要很长的一段时间，通过这种方式饲喂水蛭1年只需要喂食1次或2次。

▶ 水蛭被用于医用目的已有多长时间？

水蛭从古代起就已被用于医学实践。19世纪水蛭被广泛用于放血，这源于身体疾病和发烧是过量的血液造成的错误观念。在此期间，出现了商业化的水蛭采集与养殖。威廉·华兹华斯（William Wordsworth，1770—1850）诗中的 "水蛭采集者" 就是描写这种使用水蛭的方法。

软 体 动 物

▶ **软体动物的主要种群有哪些?**

软体动物分为四大类:1)多板纲;2)腹足纲,包括蜗牛、蛞蝓和裸鳃动物;3)双壳纲,包括蛤蚌、牡蛎和贻贝;4)头足类纲,包括鱿鱼和章鱼。

虽然软体动物的外观有很大的不同,但是它们大多数有着相似的身体结构:1)肌肉发达的足部,通常用来运动;2)内脏团中包含了大部分的内脏器官;3)外套膜——一个裹住内脏团的褶皱组织,并且能分泌出壳(有壳类动物)。

▶ **软体动物中最大的种群是什么?**

腹足类(腹足纲)包括蜗牛、蛞蝓和它们的近亲,是软体动物中最大、最多样的群体。它包括了40 000多个不同的物种,并且是第二大相关动物群。只有昆虫才能组成更大的种群。大多数腹足类动物是海洋动物,但也有许多淡水物种。花园蜗牛和蛞蝓已经适应了陆地。

▶ **蜗牛能移动得多快?**

许多蜗牛能以每分钟不足8 cm的速度移动。这意味着,蜗牛即使不停下来休息或饮食,每小时移动的距离也不到4.8 m。

▶ **头足类动物有多少根触手?**

头足类动物有8根触手或手臂,鱿鱼有10根触手,有眼鹦鹉螺的触手多达90根。

▶ 世界上最大的无脊椎动物是什么?

最大的无脊椎动物是巨型鱿鱼——大王乌贼,包括它的触须在内,有9~16 m的长度。在动物界,这种动物的眼睛最大,直径达到25 cm。一般认为,它们生活在1 000 m海洋底部附近,或海表面下约800 m深度的地方。

▶ 什么是最重的无脊椎动物?

长砗磲(*Tridacna maxima*)是最重的无脊椎动物。它可能重达270 kg。这种双壳类动物的壳可能长达1.5 m。

▶ 淡水蛤蚌是否濒临灭绝?

虽然淡水蛤蚌在除了南极洲之外的其他各大陆均被发现,但它们现在被认为是世界上最濒危的动物种群之一。在北美将近有270种珠蚌科动物。270种

八腕类动物是具有八根触手的头足类动物

原生贻贝品种中的72%被列为濒危灭绝的物种,这被认为是人类对水生生物栖息地的破坏、商业捕捞、鲤鱼的引入、水体污染和斑马贻贝的入侵等因素造成的。

▶ 斑马贻贝对北美航道的影响是什么?

斑马贻贝(*Dreissena polymorpha*)是一种黑白条纹相间的双壳类软体动物。它们是带有坚硬外壳的物种,能吸附于远洋航船的坚硬外壳上。1985年或1986年,它们通过外国船舶压舱水的排放被带到圣克莱尔湖,从而被引入美国。它们现在已经遍布了整个五大湖地区、密西西比河和最东边的哈得孙河。在全世界水道的进水口、管道和热交换器中均发现了大量的斑马贻贝。它们会堵塞发电厂、工业区和公共饮用水系统的进水口,腐蚀船壳和发动机的冷却水系统,还会破坏水生态系统。水处理设施中的贻贝必须手动清除。因为它们的繁殖速度极快,幼虫自由游动并快速生长,在领地和食物上缺乏竞争者,而且没有天敌,所以斑马贻贝会危害地表水资源。

▶ 珍珠是如何形成的?

珍珠在海水牡蛎和淡水蚌蛤体内生成。在这些软体动物体内有一个幕布状组织被称为外套膜。在贝壳形成的特定阶段,有些外套膜上的细胞能够分泌珍珠质(珍珠母)。珍珠是牡蛎对外来物(如壳内的一粒沙或寄生虫等异物)做出反应的结果。牡蛎通过在异物周围分泌少量的薄层珍珠质以中和入侵者,最终

大多数珍珠是由哪一种软体动物生产的?

淡水和海水软体动物都能产生养殖珍珠。世界上大多数的养殖珍珠(被称为淡水珍珠)是由属于珠蚌科的淡水贻贝产出的。大多数海水珍珠是由3种属于珠母贝属的牡蛎产出的,包括覆瓦珠母贝(*Pinctada imbricata*)、大珠母贝(*Pinctada maxima*)、珠母贝(*Pinctada margaritifera*)。

生产出一颗珍珠。珍珠层由碳酸钙、珍珠蛋白交替成层。将刺激物通过人工有意放置在牡蛎中生成的珍珠叫作养殖珍珠。

节 肢 动 物

▶ 为什么认为节肢动物门是生物学上最成功的动物?

节肢动物门成员的特点是具有分节的附肢和甲壳质的外骨骼。目前科学界已知的节肢动物种类超过100万种,而且许多生物学家认为,还有数百万种的节肢动物没被识别出来。节肢动物是生物学上最成功的动物门类,因为它们的种类最为繁多,而且与其他任何门类的动物相比,其栖息地的分布范围也最广。

▶ 节肢动物主要有哪些群体?

表3.4　节肢动物的主要群体

亚　门	种　类	例　子
螯肢动物亚门	肢口纲	马蹄蟹
螯肢动物亚门	蜘蛛纲	蜘蛛,蝎子,螨虫,扁虱
甲壳亚门	软甲纲	龙虾,蟹,小虾米
甲壳亚门	桡足纲	桡足动物
甲壳亚门	蔓足纲	藤　壶
节肢亚门	昆虫纲	蚱蜢,蟑螂,蚂蚁,蜜蜂,蝴蝶,苍蝇,甲虫
节肢亚门	唇足纲	蜈　蚣
节肢亚门	倍足纲	马　陆

▶ 节肢动物的数量有多少?

动物学家估计,世界各地包括甲壳类动物、蜘蛛纲动物、昆虫纲动物在内的节肢动物数量达10^{18}之巨。已经确认的节肢动物数目超过100万种,其中昆虫占绝大

在三千万龙虾中只有一只是蓝色的。其他的突变的颜色包括黄色和橙色。奇怪的彩色龙虾是棕色龙虾基因突变的结果。

多数。在生物圈里几乎所有的栖息地中，每三种已知生物体里面就有两种是节肢动物。大约90%的节肢动物是昆虫，已命名的昆虫里面有一半是甲虫类。

▶ 唯一的固着甲壳类动物是什么？

藤壶是唯一的固着甲壳类动物。19世纪的博物学家路易斯·阿加西（Louis Agassiz, 1807—1873）为藤壶做了这样的描述："一只比虾还小的动物，倒立在一座石灰岩房子的顶上，并把食物舔进嘴里。"藤壶积聚后的影响力可能会变得非常大，可以使船的速度降低30%～40%，因此船只需要停泊在干燥的港口去除藤壶。

▶ 难道蜈蚣竟然真有一百条腿，千足虫腿的数目超过一千条？

蜈蚣（唇足纲）总是拥有奇数对的步足，它的步足对数从15到171不等。生活中常见的"蜈蚣"（蚰蜒, *Scutigera coleoptrato*）有15对步足。蜈蚣都是肉食性而且主要以昆虫为食。马陆（千足虫，倍足纲类）有30对足或者更多。它们是食草动物，主要以腐烂的植物为食。

▶ 节肢动物在美国有什么重要医药价值？

表3.5　节肢动物的医药价值

节 肢 动 物	对人类身体的影响
黑寡妇蜘蛛	有毒
棕色隐遁蛛	有毒

节 肢 动 物	对人类身体的影响
墨西哥雕像木蝎	有毒
恙螨	皮炎
人疥螨	疥疮
丹明尼硬蜱	叮咬后传播莱姆病
革蜱属	叮咬后传播落基山热
蚊	叮咬后传播疾病（脑炎）
虻，斑虻	雌性的叮咬会产生疼痛
家蝇	多数会传播细菌和病毒
蚤	皮炎
蜂、黄蜂、蚁	有毒蜇伤（单个蜇伤不危险，除非对它过敏）

▶ **一只蜘蛛编织一张完整的蛛网所用的时间平均是多少?**

普通圆蛛编织一张完整的蛛网需要 30～60 min。蜘蛛用蛛丝以各种方式捕获它们的食物,以大型鸟类为食的蜘蛛会使用简单的绊网捕食,圆蛛会用漂亮且复杂的蛛网捕食。有些蜘蛛能织出漏斗状的蛛网,有些蜘蛛联合起来组成一个蛛网群。

▸ **钢丝与蜘蛛网丝相比,哪个更结实?**

蜘蛛丝更结实,它以强度和弹性而著称,最强的蜘蛛丝所具有的拉伸强度仅次于熔融石英纤维,比同重量钢丝的 5 倍还多。拉伸强度是一种物质在不被撕裂的情况下所能承受的纵向应力。

一个完整的蛛网会从最初的结构延伸出数条轴线。轴线的数量和性质取决于蜘蛛的种类。蜘蛛不断地生产出蛛丝使网覆盖的面积更广,同时也要随时修补损坏的蛛网。圆蛛的蛛网每隔几天需要更换一次,因为蛛网会失去黏性(即其捕获食物的能力)。

▶ 最大的和最小的空中蜘蛛网是什么?

最大的空中蛛网由络新妇属热带圆蛛编织而成,蛛网周长可达 6 m。最小的蛛网由皿蛛科蜘蛛编织而成,它们编织的蛛网覆盖的面积仅有 4.84 cm^2。

▶ 蜘蛛真的危险吗?

大多数蜘蛛是无害的,尤其对于人类来说。事实上,它们甚至被认为是人类在控制昆虫的

圆蛛完全织好一张网要花30到60分钟

持久战中的盟友。蜘蛛释放的能杀死猎物的毒液通常对人体是无害的。但是,有两个品种的蜘蛛的咬伤或蜇伤对人类可产生严重甚至致命的后果。它们是黑寡妇蜘蛛(*Latrodectus mactans*)和棕色隐遁蛛(*Loxosceles reclusa*)。黑寡妇蜘蛛呈亮黑色,腹部下侧有鲜红的“沙漏”。黑寡妇蜘蛛的毒液具有神经毒性,能影响神经系统。在已报道的每 1 000 个被黑寡妇蜘蛛蜇咬的人中有四五个死亡。棕色隐遁蛛的后背有小提琴形条纹。棕色隐遁蛛的毒液是溶血性的,能引起伤口附近组织和皮肤的坏死。被它们咬伤可轻可重,有时是致命的。

▶ 被黑寡妇蜘蛛蜇伤后可以采取哪些急救措施？

黑寡妇蜘蛛遍布美国各地。被它蜇咬后会产生严重的中毒反应，却没有有效的急救措施。年龄、体形和身体的敏感度决定了症状的严重程度，症状包括刚开始被咬时的针刺感，伴有疼痛麻木的感觉，以及以后的伤口肿胀程度。可以在患处放置冰块用于减轻疼痛。被咬的 $10 \sim 40$ min 后，会产生剧烈腹痛和胃部肌肉痉挛；然后会产生四肢肌肉痉挛，上行性麻痹，吞咽困难以及随之而来的呼吸困难。虽然蜇咬后死亡率不到 1%，但是任何一个人被黑寡妇蜘蛛咬伤后都应该立即去看医生；老人、婴幼儿以及过敏体质的人风险最大，可能需要住院治疗。

▶ 雄蚊也会叮咬人类吗？

不。雄蚊以植物汁液、含糖树液以及腐烂分解后产生的液体为食，它不具有雌蚊拥有的能刺破人皮肤表面的口器。一些种类的雌性蚊子可以产出多达 200 个卵，它们的排卵过程需要血液。这些血液通过叮咬人类或者其他动物身体得到。

▶ 为什么生物学家认为昆虫是最成功的动物种群？

已知的不止一百万物种（也许还有比百万更多的物种尚未查明）中，昆虫纲从物种多样性、地理分布、种群数量和个体数量等方面来说，都是地球上最成功的动物。在已知的物种中，昆虫的数目比其他动物种类之和都多。用纯粹的数字难以描述它的规模。如果我们能够称重所有的昆虫，它们的体重会超过其他陆生动物的总重。同时，地球昆虫的数量是人口数量的大约 2 亿倍。

▶ 飞行对昆虫的成功有什么作用？

飞行是昆虫成功的关键之一。能飞的动物可以更容易逃脱天敌的捕捉，更容易寻找到食物和配偶，能比那些在地上爬行的动物更快地迁移到新的栖息地。

▶ 从生物学上来说,英文单词bug所代表的含义是什么?

英文单词bug在生物学中的意思比它的一般用法要严格得多。人们常用bug表示所有的昆虫,这个词甚至还用于表示细菌和病毒,以及计算机程序中的小故障。在最严格的生物学意义上,bug是半翅目中的成员,它们也被称为真正的"虫子"。半翅目成员包括臭虫、南瓜虫、九香虫、水黾等等。

▶ 昆虫中已经鉴定和分类的群体中,种类最多的是哪一类?

已经鉴定和分类的昆虫种群中,种类最多的是鞘翅目(甲壳虫、象鼻虫和萤火虫),含有35万到40万种。甲壳虫是地球上生命的优势物种,每五个现存物种之中就有一个是甲虫。

▶ 昆虫的变态阶段是什么?

有两种类型的昆虫变态(在生长过程中有着显著的身体结构变化):完全和不完全。完全变态昆虫(如蚂蚁、飞蛾、蝴蝶、白蚁、黄蜂或甲壳虫)需要经历成长的所有不同阶段,才能成年。不完全变态昆虫(如蚂蚱、蟋蟀或虱子)不经过完全蜕变的所有阶段就可成年。

完全变态发育
卵:一次生产一枚或多枚卵(可以多达10 000枚卵)。
幼虫:卵孵化出的叫幼虫。幼虫外表与蠕虫相似。
蛹:达到充分生长后,幼虫进入休眠状态,并长出一个外壳或蛹壳保护自

▶ 世界上最重的昆虫是什么?

世界上最重的昆虫是非洲的歌利亚大角金龟(鞘翅目犀金龟科),它的体重重达100 g。

己。一些昆虫(例如蛾)会结出一个被称为"茧"的坚硬外壳。休眠中的昆虫被称为蛹,并保持在休眠状态数周或数月。

成年:休眠期间,昆虫生长出其成虫的身体部分。当身体发育成熟,完全发育的昆虫将会破茧而出。

不完全变态发育

卵:一次产下一枚或多枚卵。

早期若虫阶段:孵化出的若虫和成虫的体形相似,但尺寸较小。然而,那些长有翅膀的昆虫在此阶段尚未长出成熟的翅。

晚期若虫阶段:在这个阶段昆虫开始蜕皮,翅膀开始生长。

成年:昆虫已经发育完全。

▶ 有哪些益虫?

益虫包括蜜蜂、黄蜂、苍蝇、蝴蝶、飞蛾和其他授粉昆虫。许多水果和蔬菜依靠昆虫传粉才能产生种子。昆虫也是鸟类、鱼类和许多动物重要的食物来源。在一些国家,人们把白蚁、毛毛虫、蚂蚁和蜜蜂等昆虫作为食物。从昆虫中获取的产品包括蜂蜜和蜂蜡、虫胶和丝绸。一些食肉动物,如螳螂、瓢虫和草蛉等以有害昆虫为食。那些生长或寄生在害虫体内的昆虫也对人类有益。例如,有些蜂会把卵产在破坏番茄植株的毛毛虫体内。

▶ 为什么经常在琥珀里面发现昆虫?

人类长久以来都迷恋古树树脂的化石形态——琥珀。它是一种半宝石,常常被用于制作珠宝和镶拼图样。来自多米尼加的琥珀中,平均每一百块就有一块含有昆虫。一些琥珀中甚至会包含数以千计的昆虫,其中既有整个昆虫也有昆虫碎片。这些昆虫很可能是30万年前爬行或者停留在树上,被一滴水珠大小的有黏性的树脂困住,然后树脂连续不断渗出,把这只昆虫包住,并最终一起成为化石。科学家现在会对这些昆虫进行研究,其中许多已经灭绝,但也有可能它们只是演变成了一些现代物种在进化链条中所缺失的部分。

▶ 萤火虫是如何发光的?

萤火虫(*Photinus pyroles*)产生的这种不会发热的光叫生物荧光。它是由荧光素物质在荧光素酶存在时发生氧化反应引发的。发光是由于氧化的化学物质生成一种高能量状态时,激发光子发出辐射;辐射发出后,物质回复到正常状态。这种光由神经系统控制,并且发生在被称为光细胞的特殊细胞中。神经系统、光细胞和气管端器官一同控制发光速率。发光速率似乎也与空气温度有关。温度越高,发光的时间间隔越短,在18.3℃时间隔8秒,在27.7℃时短一些,大约为4秒。科学家们还不确定为什么发光过程中会出现闪烁现象。有间歇的闪烁可能是吸引猎物或吸引异性交配的信号(不同物种之间有差别),也可能是警告信号。

▶ 世界上最具破坏性的昆虫是什么?

最具破坏性的昆虫是沙漠蝗虫(*Schistocera gregaria*),从非洲和西亚的干旱和半干旱地区,直到巴基斯坦和印度北部,都有它的栖息地。这种短角蝗虫每天可以吃掉相当于自身重量的食物。在长期的迁徙飞行过程中,一大群蝗虫每天能消耗约18 144 000 kg的粮食和植物。

▶ 谁把舞毒蛾带入美国?

1869年,利奥波德·特鲁夫洛教授(Leopold Trouvelot,1827—1895)把舞毒蛾卵从法国带到马萨诸塞州的梅德福市。他的目的是想利用舞毒蛾和蚕杂交出能抵抗萎缩病的蚕。他把卵块放置在窗台上,似乎是风把它们吹走了。大约十年后这类毛虫在附近的树上大量繁殖。现在这些害虫已经蔓延至25个州,尤其是在美国东北部。密歇根州和俄勒冈州的某些地方也报道出现了舞毒蛾虫害。

舞毒蛾在橡树、桦树、枫树和其他阔叶树的叶子上产卵。当黄色毛毛虫从卵中孵化出来后会吞食大量的叶子,以致这棵树短时间内变成枯树甚至死亡。在破蛹之前,毛毛虫们会从3 mm长到5.1 cm,破蛹后蜕变成蛾。

▶ 舞毒蛾幼虫是否有天敌？

大约45种鸟类,以及松鼠、金花鼠和白足鼠会吞吃这种麻烦的害虫。这其中有13种是这类蛾的天敌;有些蝇类,例如康刺腹寄蝇(*Compislura concinnata*)可以寄生在舞毒蛾幼虫体内。各种人工控制手段也都被一一尝试,例如使用寄生虫和各种蜂类,喷洒药水和雄性绝育术。

▶ 蝴蝶和飞蛾有哪些不同？

表3.6　蝴蝶和飞蛾的区别

特　征	蝴　蝶	蛾
触　角	多　节	非多节
活动时间	白　天	晚　上
颜　色	明　亮	暗　淡
休息时翅膀位置	直立于身体上方	收拢并贴在身体两侧

虽然这些特征一般是准确的,但也有例外。飞蛾身上有毛,大部分拥有很小的钩或刚毛连接前后翅;蝴蝶没有上述的任一特征。

▶ 美国最受欢迎的州虫是什么？

蜜蜂是迄今为止最受欢迎的州虫,被以下16个州选中:阿肯色州,加利福尼亚州(绰号"蜂巢州"),佐治亚州,堪萨斯州,路易斯安那州,缅因州,密西西比州,密苏里州,内布拉斯加州,新泽西州,北卡罗来纳州,俄克拉荷马州,南达科他州,田纳西州,佛蒙特州和威斯康星州。

▶ 美国选定国虫了吗？

一些民众已上书美国国会,希望让帝王蝶成为国虫,但到目前为止,还没有成功。

▷ "杀人蜂"是什么蜂？

昆虫学家更喜欢称之为"非洲杂交种蜜蜂"，而不是"杀人蜂"。它是一种原产于巴西的品种。育种者希望培育出的蜜蜂能更适应在热带地区的生活，生产更多的蜂蜜，然而很快发现它们会和许多无家可归的欧洲蜜蜂杂交。虽然新的品种能生产出更多的蜂蜜，非洲杂交种蜜蜂（*Apis mellifera scutellata*）却比欧洲蜜蜂更加危险，因为它们大多数对于入侵者更具有攻击性。自从引进它们以后，大约有 1 000 人因为它们的攻击而死亡。除了这样的安全问题之外，人们也担心杂交范围的扩大可能会对美国养蜂业造成影响。

1990 年 10 月，非洲杂交种蜜蜂越过墨西哥边境进入美国。它们于 1993 年到达美国亚利桑那州。在 1996 年，到达美国的 6 年之后，在得克萨斯州、亚利桑那州、新墨西哥州、内华达州和加利福尼亚州的部分地区都发现了非洲杂交种蜜蜂。它们向北迁移的速度已经放缓，部分原因可能是它们是一种热带的昆虫，不能在寒冷的气候条件下生活。专家建议，有两种限制非洲杂交种蜜蜂传播的可能路径：一是让雄蜂有足够的数量，在一个区域让大量的欧洲雄蜂和商业饲养的欧洲蜂后交配，从而确保只有有限的非洲雄蜂和欧洲蜂后之间发生交配。第二种方法是频繁换蜂后。一个养蜂人会用自己挑选出的蜂后代替原来蜂群的蜂后，从而养蜂人可以放心，因为蜂后是欧洲蜂。

▷ 什么是迁徙的养蜂人？

迁徙的养蜂人是这么一类人，他或她会把自己的蜂群运送到不同的区域，以生产更好的蜂蜜，或者为果树、扁桃树和苜蓿这些作物授粉并收取费用。养蜂人经

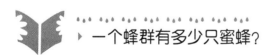

▸ 一个蜂群有多少只蜜蜂？

平均而言，一个蜂群大约有 50 000 至 70 000 只蜜蜂，每年可产出 27 至 45 kg 的蜂蜜。蜜蜂所产蜂蜜中的 1/3 多一点需要保留在蜂巢，用来维持蜂群的生存。

常在北方为春季和夏季作物授粉,然后再向南移,秋季和冬季在温暖的南方养护蜂群。大约1000名养蜂人在美国迁徙工作,蜂群中每年大约有200万个会发生迁徙。

▶ 蜜蜂采集多少朵花才能生产1 kg蜂蜜?

蜜蜂必须采约400万朵花,收集4 kg花蜜才能生产出1 kg蜂蜜。蜂蜜是由工蜂采集的,工蜂的寿命是三至六个星期,这段时间足够它采集一茶匙量的花蜜。

▶ 白蚁有天敌吗?

当白蚁飞离原来的群落,去建立新的蚁群时,鸟、蚂蚁、蜘蛛、蜥蜴和蜻蜓都会捕食这些年轻的、有翼的白蚁。当白蚁从蚁群的巢穴中出来的时候,一般是最容易受到捕食者攻击的。大家都知道,黑猩猩会使用棍棒作为工具搜寻白蚁。

▶ 蚂蚁和白蚁有什么区别?

这两种昆虫——蚂蚁(膜翅目)和白蚁(等翅目)——都具有分节的身体与多节的腿。下表列出了它们的一些特征。

表3.7　蚂蚁和白蚁的区别

特　征	蚂　蚁	白　蚁
翅　膀	成对的前翅,比后翅长很多	两对翅膀等长
触　角	有直角弯曲	直线状
腹　部	细　腰	非细腰

▶ 什么是"长腿爸爸"?

这个名称适用于两种不同的无脊椎动物。第一种是无害、不咬人的长腿蛛形纲动物。它也被称为"盲蜘蛛",因为它往往被误认为是蜘蛛,但它缺乏蜘蛛的分节体形。虽然它拥有和蜘蛛相同数量的腿(8条),但是盲蜘蛛的腿更长和更细。这些非常长的腿使它有足够的身体高度,以逃过蚂蚁和其他小型天敌。盲蜘蛛是肉食动物,以各种小型无脊椎动物如昆虫、蜘蛛、螨虫为食。它们从来不会像蜘蛛那样结网。它还吃一些多汁植物,在人工饲养时可以喂几乎任何可以食用的东西,从面包、牛奶到牛肉。盲蜘蛛还需要经常饮水。"长腿爸爸"也被用于称呼一种大蚊,它们拥有瘦长的身体和细长的腿,还有一个尖的长嘴用来吮吸露水和花蜜。

▶ 蟑螂在地球上生存多久了?

最早的蟑螂化石大约有2.8亿年的历史。蟑螂(网翅目)是夜间活动的昆虫,不仅吃人类的食物,还吃书皮、油墨和白色涂料等。

▶ 为什么无脊椎动物生活在海水和淡水中,还是最重要的动物种类之一?

桡足动物、微小的甲壳动物是生活在海洋或池塘中光合生物以及水生食物网中其他生物之间的纽带。它们是海洋和池塘中藻类的主要初级消费者。这些生物是地球上最繁盛的多细胞动物,各种小型食肉动物以它们为食,然后再由较大的食肉动物吃掉小型食肉动物,之后这些较大的食肉动物再被更大的食肉动物食用。实际上海洋中所有的动物生命都直接或间接地依赖于桡足类动物。人类不直接吃桡足类动物,但是如果没有桡足类动物,那么我们的海洋食物来源也会消失。

棘 皮 动 物

▶ 棘皮动物的主要种类有哪些?

棘皮动物(英文为echinoderms,来源于两个希腊词:一个是echina,意思是多刺的;另一个是derma,意思是皮肤)大体上可以分为六个种类:1)海百合纲,有海百合和海羊齿;2)海星纲,有海星;3)蛇尾纲,有篮海星、蛇海星;4)海胆纲,如海胆和沙钱;5)海参纲,如海参;6)同心纲,如海菊花。海菊花生长在深海中浸透在水里的木材上,于1986年首次被发现。

▶ 海星是否有5条手臂?

海星是海星纲的成员。它们的身体从中央盘辐射出5到20条手臂不等。

▶ 为什么海胆被用于研究棘皮动物的发育?

海胆是在早期动物发育问题的研究中非常有用的生物。历史上,海胆是阐明各种经典发育问题的关键系统,包括受精、卵活化、卵裂、原肠胚形成的机制和早期胚胎分化的调节在内。此外,早期胚胎分子基础的研究也利用了这个系统。不需要无菌条件就能轻易地获取配子,并且棘皮动物中的许多卵子和早期胚胎是透明的。海胆胚胎的早期发育也是高度同步的,当一群卵子受精后,所有胚胎都会以同样的时间发育,这使有关早期胚胎的生物化学与分子生物学方面的研究成为可能。

脊 索 动 物

▶ 脊索动物的主要特征是什么?

脊索动物都有脊索、背神经管、咽鳃裂。脊索作为一种软骨质支撑杆,位于本体的背侧部。脊索经常出现在胚胎中,但是在大多数脊椎动物的发育过程中,脊索被脊柱或软骨质椎骨替代。管状背神经管紧靠着脊索,在发育过程中由外胚层的内褶形成。脊椎动物的神经最终被脊椎骨包裹着,从而由脊椎骨进行保护。在胚胎发育过程中形成的咽鳃裂出现在咽喉两侧的区域里。

▶ 什么是脊索动物的三大类?

脊索动物被分为三个亚门:尾索动物亚门、头索动物亚门和脊椎动物亚门。尾索动物像一个小的皮袋,它们能独立生存或附着在木桩、岩石和海藻上。它们也被称为海鞘,因为当这类动物被打扰时会利用它的两个虹吸管吸收或放射水流。

头索亚门包含文昌鱼目（Branchiostoma），成年文昌鱼看起来像一种小鱼，它有脊索动物的三大特征。文昌鱼有明显的体节性（英文词metamerism，来源于两个希腊词：一是meta，意思是"之间、之后"；另一个是meros，意思是"分开"）。它的身体可纵向分成一系列肌肉片段。脊椎动物亚门在内部结构中有着相同的体节性。

▶ 脊椎动物的共有特质有哪些？

　　通过一些特征，可以将脊椎动物亚门的动物与其他的脊索动物区分开来。最明显的特征是身体中围绕着脊柱（脊椎或骨干）的内骨骼或软骨。独立的椎骨（显示出内部有体节性）组成脊柱，脊柱既有柔韧性也有足够的力量，以支撑庞大的身躯。其他脊椎动物的特征包括：1）复杂的背侧肾脏；2）生长在肛门附近的尾巴（一些种群进化后消失了）；3）带有一颗发育良好的心脏和一套封闭的循环系统；4）脊髓的前部有一个10对或更多对脑神经的大脑；5）一个颅骨（头骨）保护大脑；6）雌性与雄性均有性器官；7）两对可移动的附属物——鱼鳍（在陆地脊椎动物中，演化成两条腿）。

▶ 第一种脊椎动物是什么？

　　第一种脊椎动物是出现在5亿年前的鱼类。它们是无颌类动物（英文agnathans来源于两个希腊词：一个是"a"，意思是"没有"；另一个是gnath，意思是"颌"），体积小而无颚。无颌鱼至多约8英寸（20 cm）长，也被称为甲胄鱼，因为它们的身体外覆骨板，最引人注目的是有保护大脑的头盾。

▸ 目前仍然生存在地球上的无颌类成员有哪些？

　　目前唯一生存的无颌类是圆口类鱼，它们更为人所知的名称是七鳃鳗和盲鳗。

▶ 什么是脊椎动物中种类最多的种群?

种类最多的脊椎动物种群是鱼类。它们是一个多元化的群体,近21 000种,超过了所有其他种类的脊椎动物的总和。鱼类的大多数成员属于硬骨鱼纲,或者可以称之为"多骨鱼",包括鲈鱼、鳟鱼和鲑鱼等。

▶ 所有鱼类共同的特征是什么?

所有鱼类有如下的特征:1)拥有从水中吸收氧气的鳃;2)内部骨架上覆盖着外皮,外皮内有背神经索;3)单回路的血液循环,将血液从心脏泵入鳃,然后在返回心脏前,流经身体的其他部分;4)营养缺乏,尤其是无法合成某些氨基酸。

▶ 软骨鱼是什么?

软骨鱼是指那些有软骨质骨骼,而不是硬骨骨骼的鱼类。它们包括鲨类、鳐鱼和虹鱼。

▶ 鲨鱼有多少种?它们有多危险?

联合国粮农组织列出了354种长度鲨鱼,从15 cm到15 m不等。已知有35种鲨鱼袭击过人类至少一次,其中只有12种经常袭击人类。罕见的大白鲨(*Carcharodan carcharias*)是全球最大的掠食性鱼类,最大的样本长达6.2 m,重达2 270 kg。

▶ 鲸鲨是哺乳动物还是鱼类?

鲸鲨(*Rhincodon typus*)是鲨鱼,不是鲸,因此它是鱼类。这个物种的名称仅仅表明它是体形最大的鲨鱼(重达18 144 kg或更多,能够长到15 m或更多)和世界上最大的鱼类。然而,它极少伤害人类。

◉ 鲨鱼攻击发生在离海岸多远的地方?

在对570起鲨鱼攻击人类事件的研究中,发现大部分的鲨鱼攻击发生在近海区。不必对这些数据感到惊讶,因为大多数人类只在近海水域活动。

表3.8　鲨鱼攻击事件发生的区域

离海岸的距离	鲨鱼攻击的比例(%)	游到这个距离的人数比例(%)
15 m	31	39
30 m	11	15
60 m	9	12
90 m	8	11
120 m	2	2
150 m	3	5
300 m	6	9
1.6 km	8	6
1.6 km以上	22	1

◉ 鲨鱼的牙齿有何不同寻常之处?

鲨鱼是第一种进化出牙齿的脊椎动物。鲨鱼的牙齿没有长在颌的里面,而是长在颌的上面。这些牙不太牢固,很容易脱落。鲨鱼牙齿分为6至20排,前排的牙齿用于撕咬和切割,在它们后面生长着其他的牙齿。有牙齿受到破坏或脱落时,替补牙齿会自动前移。一条鲨鱼一生中可能会长出和使用超过2万颗牙齿。

▸ 哪一种脊椎动物是最早的陆生脊椎动物?

爬行动物是名副其实的最早的陆生脊椎动物。它们发生了许多改变以适应陆地生活。

▶ 哪种动物首先完成了由水生到陆生的部分过渡?

两栖动物最先由水生部分地过渡到陆地生活。现存的两栖动物包括蝾螈、青蛙和蟾蜍。虽然肺鱼能离开水生活一段时间,但是两栖动物才是第一类登上陆地、不再生活在充满水的环境且能适应呼吸空气的动物。

▶ 词语"两栖动物(amphibian)"是什么意思?

词语"两栖动物"来源于希腊语amphibia,意思是"两生",用以指动物既能在水里又能在陆地生存。普通两栖类动物的生命周期是卵产于水中,而后卵发育成为带有外部鳃的水生幼体。简单地说,它的发育,是鱼状的幼体长出肺与四肢,成为一个成熟体。这个个体发育过程,正好与两栖动物的总体演化过程相似。

▶ 两栖动物的主要种类有哪些?

下表阐明了三种主要的两栖动物种类。

表3.9　主要的两栖动物种类

例　子	目	现存的物种数
青蛙和蟾蜍	无尾目	3 450
火蜥蜴和蝾螈	有尾目	360
蚓　螈	无足目	160

▶ 爬行动物的哪些特点使它们成为真正的陆地脊椎动物?

爬行动物的腿部比两栖动物的腿能更有效地支撑身体,这让爬行动物的身体可以更大并能奔跑。爬行动物的肺与两栖动物的囊状肺相较而言,具有更大的表面积用于气体交换。同为三腔心脏,爬行动物的心脏比两栖类动物的效能更高。此外,它们的皮肤覆盖着干硬鳞片,以减少水分流失。然而,最重要的进化是产生了羊膜卵,其中的胚胎可以在陆地上生存和发育。卵被保护性的壳包裹着,这层壳能防止发育中的胚胎脱水。

▶ **爬行动物与两栖动物有何不同之处？**

　　爬行动物全身覆盖着鳞片、甲壳或骨板，它们的足趾有爪；两栖动物有湿润、具有腺体的皮肤，足趾没有爪。爬行动物的卵厚且坚硬，它们有羊皮纸袋状的外壳，即使在干燥的陆地上也能防止发育中的胚胎水分流失。两栖动物的卵则没有这种外壳保护，它们的卵总是产在水中或潮湿的地方。如果不总是考虑到色彩和花纹差异的话，爬行动物幼体有和它们的父母一样的外表。两栖动物在发育为成熟体之前，一般会经历在水中生活的幼体时期。爬行动物包括短吻鳄、鳄鱼、乌龟和蛇。两栖动物则包括火蜥蜴、蟾蜍和青蛙。

▶ **现今存在的爬行动物有哪几类？**

　　现存的爬行动物分为三类：1）龟鳖目，包括乌龟、水龟和陆龟；2）有鳞目，包括蜥蜴和蛇；3）鳄目，其中包括鳄鱼和短吻鳄。

▶ **在美国危险的蛇类有哪些？**

表3.10　美国危险的蛇类

蛇　　类		平　均　长　度
响尾蛇	东部菱斑响尾蛇（*Crotalus adamateus*）	84～165 cm
	西部菱斑响尾蛇（*Crotalus atrox*）	76～419 cm
	森林响尾蛇（*Crotalus horridus horridus*）	81～137 cm
	草原响尾蛇（*Crotalus viridis viridis*）	81～117 cm
	盆地响尾蛇（*Crotalus viridis lutosus*）	81～117 cm
	南太平洋响尾蛇（*Crotalus viridis helleri*）	76～122 cm
	红菱斑响尾蛇（*Crotalus ruber ruber*）	76～132 cm
	小盾响尾蛇（*Crotalus scutulatus*）	56～102 cm
	角响尾蛇（*Crotalus cerastes*）	46～76 cm
蝮　蛇	水蝮蛇（*Agkistrodon piscivorus*）	76～127 cm

蛇　类		平均长度
蝮　蛇	铜头蝮蛇（*Agkistrodon contortrix*）	61～91 cm
	双线蝮蛇（*Agkistrodon bilineatus*）	76～107 cm
银环蛇	东部银环蛇（*Micrurus fulvius*）	41～71 cm

▶ 第一次使用词语"恐龙（dinosaur）"是什么时候?

词语"恐龙"最早是由理查德·欧文（Richard Owen, 1804—1892）于1841年在他有关英国爬行动物化石的报告中使用的。这个词语意思是"可怕的蜥蜴"，被用来形容一种已经灭绝的大型爬行动物，在许多收藏家那里都可以找到它们的化石。

▶ 最小和最大的恐龙叫什么?

新颌龙，侏罗纪晚期（1.31亿年前）的食肉动物，与一只鸡大小接近，经检测从它的喙的前端至它的尾部的尖端最多只有89 cm。平均体重大约3 kg，但是个别个体能达到6.8 kg。

最大的恐龙是著名的腕龙。位于柏林的洪堡博物馆的腕龙化石经测定有22.2 m长，14 m高。它估计重达31 480 kg。腕龙是有长长的脖子和尾巴的四足草食恐龙。生活在距今1.55亿年至1.31亿年前。

▶ 恐龙的典型寿命是多大?

它们的寿命估计在75至300岁之间。这样的估计是有依据的。通过对恐龙骨骼微观结构的研究，科学家们推断，恐龙成熟缓慢，可能相应地具有较长的寿命。

▶ 恐龙与人类共存过吗?

没有。恐龙最早出现在三叠纪时期（约2.2亿年前），并消失在白垩纪末期

（约 6 500 万年前）。现代人类（智人）大约在 2.5 万年前才出现。这表明电影中人类和恐龙一起存在的场面只是好莱坞的幻想。

▶ 为什么恐龙会灭绝？

为了解释 6 500 万年前恐龙为何从地球上消失，已经有了多种理论。科学家们在恐龙是逐渐灭绝还是突然灭绝的这个问题上有争议。渐进派学者认为恐龙是在白垩纪晚期逐渐灭绝的。为了说明发生这样状况的原因提出了许多种可能。

有些人声称恐龙灭绝，是由于与其他生物相比，其竞争力下降造成的，尤其是相较于刚刚出现的哺乳动物。有些人认为恐龙繁殖过度，哺乳动物吃掉了大量的恐龙蛋，造成了无可挽回的伤害。还有人认为是各种疫病——从佝偻病到便秘——使恐龙灭绝。气候变化，大陆漂移，火山喷发，地轴、轨道和/或地球磁场的变化也是造成灭绝的原因。

灾变论学者认为，一次大灾变不仅造成了恐龙、还有大量与它们共存的其他物种的灭绝。1980 年，美国物理学家路易斯·阿尔瓦雷斯（Luis Alvarez，1911—1988）和他的儿子、地质学家沃尔特·阿尔瓦雷斯（Walter Alvarez，1940— ）提出，在 6 500 万年前一颗大彗星或流星撞击了地球。他们指出，白垩纪和第三纪时期之间有高浓度的铱元素的沉积物存在。铱在地球上是非常稀少的，所以如此大量的铱一定来自外太空。在世界各地有 50 多个地方发现了这种铱异常。1990 年在海地发现了可能由撞击产生的极高温才能制造的微小玻璃片。在尤卡坦半岛有一个 177 km 宽的陨石坑，上面长期覆盖着沉积物，这个陨石坑可以追溯到 6 498 万年以前，是那次撞击的有力证据。

一个可能达 9.3 km 宽的巨大的外星体的撞击，必然会对全球气候产生灾难性影响。大量的灰尘和碎屑被抛入太空，大大减少了阳光到达地表的量。爆炸产生的热量也可能导致大规模的森林火灾，这也会增加空气中的烟雾和尘埃。缺乏光照引起植物的死亡，并对食物链上包括恐龙在内的其他生物产生多米诺骨牌效应。

恐龙灭绝的原因可能是两种理论的结合。当时恐龙的数量可能已经因为某些原因逐渐减少，而一次外太空大物体的撞击又给了恐龙这个族群致命一击。

恐龙灭绝的事实作为恐龙这个物种被大自然淘汰的证明，意味着它们是进化的失败者。然而，这些动物繁盛了 1.5 亿年。相比之下，人类最早的祖先出现在大约300万年以前。人类要取得和恐龙一样的成功还有很长的路要走。

▶ 濒危的龟类有哪些?

世界各地的龟类数量都在下降,这有多个原因,其中包括栖息地被破坏,人类获取它们的蛋、皮和肉,以及它们不小心落入渔网。濒危严重的是海龟,如肯氏龟(*Lepidochelys kempii*),被认为现存只有几百只。其他濒危的物种,包括泥龟(*Dermatemys mawii*)、绿海龟(*Chelonia mydas*)、安哥洛卡象龟(*Geochelone yniphora*)、沙漠陆龟(*Gopherus agassizii*)和加拉帕戈斯陆龟(*Geochelone elephantopus*)。

表3.11　濒危的龟类

普 通 名 称	科　学　名	情　　况
阿拉巴马红腹龟	*Pseudemys alabamensis*	濒危物种
南方沼泽龟	*Clemmys muhlenbergii*	有灭绝风险的物种
北方沼泽龟	*Clemmys muhlenbergii*	有灭绝风险的物种
平背麝香龟	*Sternotherus depressus*	有灭绝风险的物种
环纹地图龟	*Graptemys oculifera*	有灭绝风险的物种
黄斑地图龟	*Graptemys flavimaculata*	有灭绝风险的物种
绿海龟	*Chelonia mydas*	濒危物种/受到威胁
玳瑁龟	*Eretmochelys imbricata*	濒危物种
大西洋丽龟	*Lepidochelys kempii*	濒危物种
棱皮龟	*Dermochelys coriacea*	濒危物种
蠵　龟	*Caretta caretta*	有灭绝风险的物种
榄蠵龟	*Lepidochelys olivacea*	有灭绝风险的物种

来源:美国鱼类及野生动植物管理局。

▶ 最成功和最多样化的陆生脊椎动物是哪种动物?

鸟是鸟纲的成员,是最成功的陆生脊椎动物。现存的28目鸟类有近10 000种,遍布世界各地。鸟类的成功基本上源自其进化出了羽毛。

▶ 是什么导致了鸟类羽毛有不同颜色？

羽毛的鲜艳色彩源于色素和结构。红色、橙色和黄色的羽毛是被称为"脂色素"的色素染成的，当羽毛形成时，脂色素就沉积在羽毛小羽枝内。黑色、棕色和灰色来源于另一种色素——黑色素。蓝色羽毛的出现却并非源自色素，而是因为羽毛内的粒子对较短波长的蓝色光波的散射。这些羽毛颜色都是一些特殊的结构导致的。绿色几乎总是黄色染料和结构型蓝色羽毛的组合。另一种特殊结构产生的颜色是许多鸟类都有的美丽的彩虹色，其中颜色范围从红色、橙色、铜色和金色到绿色、蓝色和紫色。彩虹色的出现是因为光波之间干涉导致光波彼此之间加强、削弱或抵消的结果。彩虹色也会随着观察视角不同而有所改变。

▶ 鸟和恐龙有什么联系？

鸟类本质上是进化了的有羽毛的恐龙。罗伯特·T.巴克（Robert T. Bakker，1945—　）和约翰·H.奥斯特罗姆（John H. Ostrom, 1928—2005），在20世纪70年代对鸟类和恐龙之间的关系进行了广泛研究，并得出结论认为，小恐龙的骨骼结构与被确定为第一种鸟的始祖鸟非常类似，但恐龙化石显示，没有羽毛存在的证据。学者们提出鸟类与恐龙是同源进化的。

▶ 始祖鸟为什么重要？

始祖鸟是人类已知的第一种鸟类。它有真正的羽毛，羽毛能够保暖，并且它可以让翅膀围成凹形去捕捉猎物。

▶ 哪种鸟有最大的翼展？

信天翁家庭的三名成员——漂泊信天翁（*Diomedea exculans*）、皇家信天翁（*Diomedea epomophora*）和阿岛信天翁（*Diomeda amsterdiamensis*），拥有鸟类中最大的翼展，长达2.5～3.3 m。

◉ 白头海雕什么时候被定为美国的国鸟？

1782年6月20日，刚刚独立的美国采用白头海雕或"美国鹰"作为国徽。起初，雕刻家雕刻出的鸟属于较大种群的鹰中的一员，但是到了1902年雕刻在美利坚合众国印章上时，这种鸟就已被设定在头部和尾部带有适量白色的羽毛。白头海雕这个选择并非众口一词。本杰明·富兰克林（Benjamin Franklin，1706—1790）的首选是野生火鸡。富兰克林常常半开玩笑地把火鸡说成是一种狡猾但勇敢、聪明、谨慎的鸟类。相反地，他认为老鹰具有"坏品质"，"没有诚实地谋生"，它们更愿意从勤劳的鱼鹰那里偷鱼。他还认为鹰是懦夫，尽管它的体型比必胜鸟大得多，但它在受到必胜鸟攻击时却会溜之大吉。

◉ 栖息在黑犀牛背部的鸟叫什么名字？

这种鸟是八哥的近亲，被称为牛椋鸟（是椋鸟科家族的一员），仅在非洲被发现过，黄嘴牛椋鸟（*Buphagus africanuswingspan*）广泛存在于西非和中非的大部分地区，而红嘴牛椋鸟（*Buphagus erythrorhynchuswingspan*）生活在从红海到

1782年，白头海雕被定为美国的国鸟

纳塔尔的非洲东部地区。

牛椋鸟的身体长17～20 cm，捕食二十余种扁虱，这些扁虱也寄生在被称为"钩唇犀牛"的黑犀牛的身上。这种鸟大部分时间都待在犀牛或其他动物如羚羊、斑马、长颈鹿、水牛的身上。

牛椋鸟与犀牛的关系叫作互惠共生。牛椋鸟捕食犀牛身上的扁虱，这对双方都有利。除此之外，牛椋鸟的视力比近视的犀牛好得多，当危险来临时，它以尖锐的叫声和飞离提醒宿主。

▶ 哪一年，欧洲椋鸟被引进美国？

尤金·席费林（Eugene Schieffelin，1826—1906）于1890年将欧洲椋鸟引入美国。席费林希望使莎士比亚的作品中提到的每一种鸟都能在美国生长。他还于1860年将英国麻雀引进了纽约市。

▶ 野生的鸟类会排斥与人类接触过的幼鸟吗？

不会。与流行的看法相反，鸟类一般都不会排斥与人类接触过的幼鸟。最好的做法是当新生的鸟儿从鸟巢掉下或被挤出鸟巢时，尽可能快地找到鸟巢并轻轻将它们放回去。

▶ 哪些淡水哺乳动物是有毒的？

雄性鸭嘴兽（*Ornithorhynchus anatinus*）在后腿上长有毒刺。这种动物受

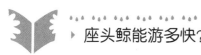

▸ 座头鲸能游多快？

座头鲸巡航速度一般是每小时14.5 km，但是其最快速度能达到每小时27 km。

到威胁时,会将毒刺刺入潜在敌人的皮肤,造成刺痛。不过其释放的毒液相对温和,一般不会对人体造成伤害。

▶ 鼠海豚与海豚有什么区别?

海豚与鼠海豚共有约40种。海豚和鼠海豚之间的主要差异在于鼻子和牙齿:海豚有喙状鼻子和锥形的牙齿;鼠海豚则有一个圆形的鼻子和扁平的或铲形的牙齿。

▶ 几类大鲸鱼分别有多重、多长

表3.12 大鲸鱼的长度与重量

鲸 类	平 均 重 量	最长的长度
抹香鲸	31 752(kg)	18(m)
蓝 鲸	76 204(kg)	30(m)
长须鲸	45 360(kg)	25(m)
座头鲸	29 937(kg)	15(m)
露脊鲸	45 360(kg)	17(m)
大须鲸	15 422(kg)	15(m)
灰 鲸	18 144(kg)	12(m)
弓头鲸	45 360(kg)	18(m)
布氏鲸	15 422(kg)	15(m)
小须鲸	9 072(kg)	9(m)

▶ 游泳最快的鲸是哪种?

逆戟鲸,也就是虎鲸(*Orcinus orca*),是游得最快的鲸鱼。事实上,它是游得最快的海洋哺乳动物,速度能达到每小时50 km。

▷ 在佛罗里达，海豹样的动物叫什么？

西印度海牛（*Trichechus manatus*），在冬季会迁移到佛罗里达州较为温暖的地区，如在佛罗里达州中部的水晶河和霍莫萨萨河的温暖源头、佛罗里达州南部的热带海域。当空气温度上升到10℃时，它会沿着墨西哥湾海岸和大西洋海岸一直漫游到弗吉尼亚。甚至有海牛从海中远程迁徙到圭亚那等南美国家沿岸的记录。1983年，当时佛罗里达的海牛数量减少到只有几千头，该州法律开始禁止对海牛的猎杀或商业开发。然而，许多动物继续被人类杀害或伤害。困在水闸和水坝里，或与驳船和大功率船只的螺旋桨相撞，至少占据了每年海牛死亡原因的30%，每年海牛总死亡数为125～130头。

▷ 世界上仅有的四角动物是什么？

四角羚羊（*Tetracerus quadricornis*）是中印度的本土动物。雄性四角羚羊有两个短的角，通常长度为10 cm，位于它们的双耳之间；还有一对更短一点的角，2.5～5 cm长，位于它们两眼的眉骨间。并不是所有雄性羚羊都有四个角，一些雄性羚羊的第二对角最终会脱落。雌性四角羚羊则根本没有角。

▷ 有生活在沙漠里的猫吗？

沙猫是猫科动物中与沙漠地区相关联的唯一成员。在北非、阿拉伯半岛、土库曼斯坦、乌兹别克斯坦、巴基斯坦西部的沙漠中，沙猫已经适应了极端干旱的

▸ 有什么虚构的角色受到了海牛的启发？

海牛（menatee）和它们的近亲——海象与儒艮，也许是美人鱼传说的灵感来源。海牛科的学名是Sirenian，来自英文单词Siren——在古老传说中，这是那条引诱痴迷的水手直至死亡的美人鱼的原始名字。

沙漠环境。它们脚底的肉垫非常适合疏松的沙质土地,并且它们可以不喝通常意义上的水而生存。沙猫有浅黄色或灰赭色的浓密皮毛,身长45～57 cm,属夜行动物(晚上活动),以啮齿动物、野兔、鸟类和爬行动物为食。

▶ 唯一能爬树的美洲犬科动物是什么?

灰狐(*Urocyon cinereoargenteus*)是美洲犬科动物中唯一会爬树的。

▶ 哪种熊生活在热带雨林里?

马来熊(*Ursus malayanus*)是生活在苏门答腊岛、马来半岛、加里曼丹岛、缅甸、泰国和中国南部的热带森林中最稀有的动物之一。作为最小的熊,马来熊体长1～1.4 m,重27～65 kg。它有一个矮壮结实的身躯。与它的黑色短毛相映的,是横贯它胸部特有的橙黄色新月形图案,传说中这代表着初升的旭日。强有力的脚掌上长着长长的弧形爪,帮助它在森林里爬树,它是个爬树专家。马来熊撕裂树皮来寻找蜜蜂、白蚁这类昆虫作为食物。水果和小型啮齿类动物也是它食谱的一部分。它们在白天睡觉或是晒太阳,在晚上活动。它们非常害羞、不善交际,谨慎且聪明,但伴随着原始森林被毁坏,马来熊的数量正在减少。

▶ 北美洲最大的陆生哺乳动物是什么?

美洲野牛是北美洲最大的陆生哺乳动物。它体重可达1 406 kg,高可达1.8 m。

▶ 骆驼会在它们的驼峰中储藏水吗?

驼峰内不储藏水,它们是脂肪的储藏场所。骆驼可以长时间不喝水,如果能摄取到大量的绿色植物和露水,骆驼可以10个月不喝水,这是许多生理适应的结果。一个主要的因素是骆驼能减重40%而没有任何不良影响。一只骆驼能够经得起上下8℃的体温改变。一头骆驼能在10分钟内喝水100 L,几小时内饮用多达200 L的水。有一个驼峰的骆驼被称作单峰驼或者阿拉伯骆驼；双峰驼有两个驼峰，生活在荒芜的戈壁沙漠里。如今，双峰驼仅生活在亚洲，而大多数的单峰驼生活在非洲的土地上。

▶ 豪猪有多少根刚毛？

　　作为自己的防御性武器，北美洲豪猪平均有30 000根刚毛或特化毛发。刚毛在硬度和柔韧性上堪比塑料碎片，其尖端锐利到可以穿透任何兽皮。最具伤害性的刚毛是在豪猪肌肉发达的尾部较短的刚毛。只需要很短的时间，豪猪就可以将带有细小鳞状倒刺的刚毛像一次阵雨般刺入敌人的皮肤。刚毛会向内刺入对手皮肤，是因为它们的倒钩和对手本能的肌肉收缩。有时，刚毛能自己脱落下来，但是有些时候，那些刚毛会刺穿重要器官，导致对手死亡。

　　迟缓矮壮的豪猪会待在树上很长时间，用它们强大的门齿剥下树皮和树叶作为食物，也把水果和青草补充进它们的食谱。豪猪对盐有强烈的欲望；作为食草动物，它们的饮食里缺少盐，所以自然盐渍地、肉食动物遗弃的动物骨骼、黄睡莲，或其他含有高盐度的物品（包括涂料、胶合板黏合剂、人类能引起熊追踪的带有汗味的衣物）对于豪猪来说都极具吸引力。

▶ 非洲象和印度象的区别是什么？

　　非洲象（*Loxodonta africana*）是现存最大的陆生动物，重达7 500 kg，站立时肩高有3～4 m。印度象（*Elephas maximus*）重约5 500 kg，肩高3 m。

表3.13　非洲象与印度象的区别

非 洲 象	印 度 象
耳朵较大	耳朵较小
大约670天妊娠期	大约610天妊娠期
耳朵顶端朝后	耳朵顶端朝前
背部凹陷	背部凸起
后足有三个趾甲	后足有四个趾甲
象牙较大	象牙较小
象鼻尖有两个指状突起	象鼻尖有一个突起

▶ 乳齿象与猛犸象有何不同?

虽然这两个词有时候可以互换使用,但是猛犸象和乳齿象是不同的两个物种。乳齿象出现得最早,其中的一个分支演化成猛犸象。乳齿象生活在非洲、欧洲、亚洲和南北美洲。它出现在渐新世时期(3800万年前—2500万年前),并且在不到一百万年前仍然存活于世。它站立高度最大为3 m,全身覆盖着浓密的绒毛,象牙笔直朝前,近乎彼此平行。

猛犸象在不到两百万年前进化出来,并且在一万年前灭绝。它生活在北美洲、欧洲、亚洲。就像乳齿象,猛犸象也被稠密得像羊毛般的毛发覆盖,另有又长又粗的外层毛发去抵御寒冷。它比乳齿象稍微大点,站立高达2.7～4.5 m。象牙通常向外螺旋上升。地球气候逐渐变暖和环境的变化也许是猛犸象灭绝的主要因素。但早期人类也捕杀了大量猛犸象,这也许加速了猛犸象灭绝的进程。

▶ 如今已灭绝的早期侏罗纪哺乳动物的名字是什么?

哺乳动物吴氏巨颅兽的化石出土于中国的云南省。这种新发现的哺乳动物至少有1.95亿年的历史。整个动物的重量估计为2 g。它的小头盖骨比人类拇指的指甲还小。

四
动物的结构和功能

简介及历史背景

▶ "生理学" 这一术语首次被使用是什么时候?

早在公元前600年,希腊人为了便于对事物本质进行哲学探究,首次使用了 "生理学" 这一术语。到了公元16世纪,人们将这一术语定义为与人类健康有关的重要生理活动。19世纪左右,它的使用范围扩展为使用化学、物理和解剖学试验方法对所有活的有机体所开展的研究。

▶ 谁是生理学的创始人?

作为一个先行者,克劳德·伯纳德(Claude Bernard,1813—1878)通过引入大量新的概念,大大丰富了生理学。其中最著名的当属单词拼写源自法语的 "内环境"(internal environment)这一概念。生物体内各个器官间复杂功能是密切关联的,它们一起协作,共同抵抗外界环境变化,从而维持机体内环境的稳态。机体内所有细胞生活在这种含 "水"(血液和淋巴组成)的内环境中,这种内环境为浸润在其中的细胞提供温和的、有利于营养和代谢废物的简单交换的环境。

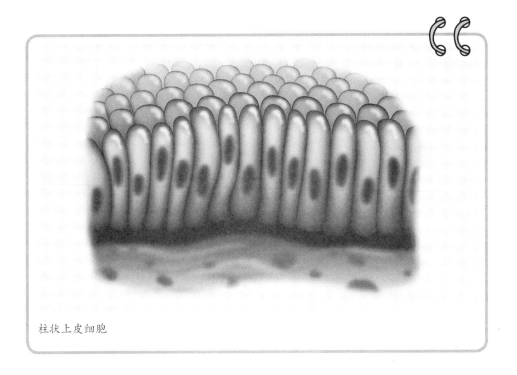
柱状上皮细胞

▶ "内稳态"第一次使用是什么时候?

沃尔特·布拉德福德·坎农（Walter Bradford Cannon ,1871—1945）不仅详细阐述了克劳德·伯纳德引入的"内环境"这一概念,而且还进一步使用了"内稳态"这一名词去阐述机体维持体内环境相对稳定这一能力。

▶ 第一个由生理学家组成的专业组织叫什么?

第一个由生理学家组成的专业组织叫生理学会,于1876年在英国成立。1878年,《生理学杂志》——第一本生理学方面的杂志开始出版,这本杂志专门用来报道生理学方面的研究结果。相应地,美国也于1887年成立了美国生理学会;接着,由美国生理学会赞助的杂志——《美国生理学杂志》也于1898年出版。

▶ 动物体内的四级组织结构分别是什么?

每个动物都有四级组织结构:细胞、组织、器官以及器官系统。每一级组织结构的复杂度随着级别的增加而依次递增。所有的器官系统共同工作形成一个有机体。

组　　织

▶ **生物体内四种主要的组织类型是什么?**

组织是一组行使相同功能的相似细胞("组织"一词的英文tissue来源于拉丁语texere,意为"编织")。生物体内四种主要的组织类型:上皮组织、结缔组织、肌肉组织和神经组织。

▶ **上皮组织在哪儿?**

上皮组织,也叫上皮细胞,几乎覆盖了机体内外部的所有表面,如皮肤外层

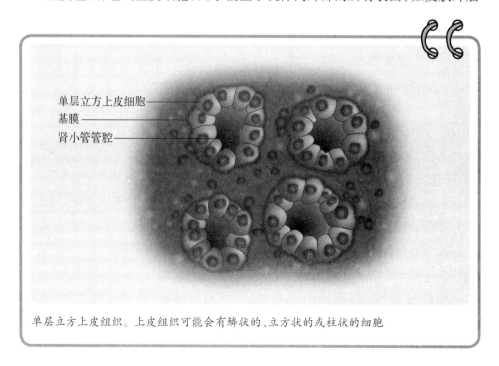

单层立方上皮细胞——
基膜——
肾小管管腔——

单层立方上皮组织。上皮组织可能会有鳞状的、立方状的或柱状的细胞

的表皮，肺的内层组织，肾小管、消化系统（包括食管、胃以及小肠）的内表面和呼吸系统的部分内层组织。

▶ 上皮组织有哪些不同的形状和功能？

上皮组织由密集排列的细胞构成。基于细胞的分层数目，它既有简单的（一层细胞），也有相对复杂一点的（多层细胞）。上皮组织有鳞状的、立方状的或者柱状的细胞。鳞状细胞是扁平的方形细胞；立方状细胞形成微管；而柱状细胞堆叠在一起，形成宽于自身的柱状物。这里，上皮细胞有两个表面：一面牢固地附着在底层结构上；另一面则暴露于"表面"，形成机体的内层结构。上皮细胞就像有机体的一道屏障，一方面允许一些物质的通过，而另一方面又阻碍某些物质的通行。

▶ 上皮细胞多久更新一次？

在动物的一生中，上皮细胞不断地更新、再生。如，表皮（皮肤外层）每两星期更新一次，而胃的上皮层则每两到三天更新一次。肝脏，由上皮组织组成的腺体，若部分组织因为外科手术而被切除，也能够再生恢复。

▶ 结缔组织有哪些特性？

结缔组织细胞相互离得较远，主要散布于被称为基质的非生命细胞外物质中。具体来说，这基质可能是液体的、胶状的，甚至是固体的，随着结缔组织的不同而有所不同。

▶ 结缔组织的主要类型和功能有哪些？

结缔组织的主要类型有：1）疏松结缔组织；2）脂肪组织；3）血液；4）胶原蛋白（有时也称作纤维素或致密结缔组织）；5）软骨；6）骨骼。

疏松结缔组织由大量的分散细胞组成，这些细胞的基质主要由疏松纤维构成。疏松纤维中许多是名为胶原蛋白的强蛋白纤维。疏松结缔组织存在于皮肤下以及机体器官间。它也是一种连接与填充物质，这种物质主要是为其他的组织和器官提供支持，使其固定在恰当的位置。

脂肪组织由疏松结缔组织中的脂肪细胞组成。每个脂肪细胞都储存数目可观的脂肪微粒。有趣的是，这些脂肪微粒在储存时缩小，而在其释放能量时膨胀。脂肪组织对动物机体有填补空缺以及隔离机体内器官的作用。

血液是一种疏松结缔组织，它的基质是血浆（液体）。血液由红细胞、细血球、白细胞和血小板组成，它们都是由骨髓细胞分化而来。血浆里还含有水、盐、糖、脂类和氨基酸。血液中大约55%是血浆，45%是有形成分。血液把物质从身体的一个部位运输到另一个部位，而且在动物的免疫系统中发挥重要作用。

胶原蛋白是一种致密结缔组织，也可以称为纤维结缔组织，它有密集排列的胶原纤维基质。胶原蛋白可分为两种，有规则的无规则的：规则胶原蛋白的胶原纤维互相平行排列，如肌腱（可将骨骼和肌肉连接起来）、韧带（可连接不同骨骼）；相对地，无规则胶原蛋白则可以牢固地覆盖于像肾脏或肌肉等器官的表面。

软骨是一种有着大量胶原纤维、具备弹性的结缔组织，因此它很柔韧。软骨可提供肌体器官以支持，起缓冲作用。它可存于脊柱里的椎间盘、一些关节末端周围，如膝盖或鼻子、耳朵。

骨骼是坚硬的结缔组织，有嵌入钙盐（碳酸钙）的胶原蛋白基质。它是机体里的最坚硬组织，大多数的骨骼系统由骨骼组成，其可以为肌肉提供连接位点并保护内部器官。

▶ 褐色脂肪不同于白色脂肪？

许多哺乳动物同时拥有褐色脂肪组织和白色脂肪组织。它们都是甘油三酸酯脂类，但是褐色脂肪可以产热。虽被称为褐色，但事实是，它的颜色分布范围为深红到棕褐，由此就可知道脂质含量。褐色脂肪在新生动物中最常见，但绝大多数物种成年后就会随之减少。

▶ 哪种动物的褐色脂肪特别发达？

会冬眠的哺乳动物会有特别发达的褐色脂肪，甚至有些科学家认为褐色脂肪就是"冬眠动物的腺体"。一般,在春季和夏季时,动物会储存褐色脂肪;而在冬季,它们就会利用褐色脂肪来为自己提供营养,同时使自己冬眠后的体温恢复。

▶ **脊椎动物中,肌肉组织的类型有哪些? 功能如何?**

脊椎动物有三种类型的肌肉组织:1)平滑肌;2)骨骼肌;3)心肌。肌肉组织由成束的名叫肌纤维的长细胞束组成,能够使机体或是机体内物质运动。

▶ **三种肌肉组织的区别是什么?**

平滑肌组织呈纺锤状,形成一层一层的长细胞片,而且每个细胞都含有一个细胞核。平滑肌组织排列在消化路径(胃和肠)、血管、膀胱以及眼睛的虹膜壁上,而且它们的收缩方式像膝跳反应,也是非条件的,也就是说,收缩的发生是不需要动物意识的介入的。

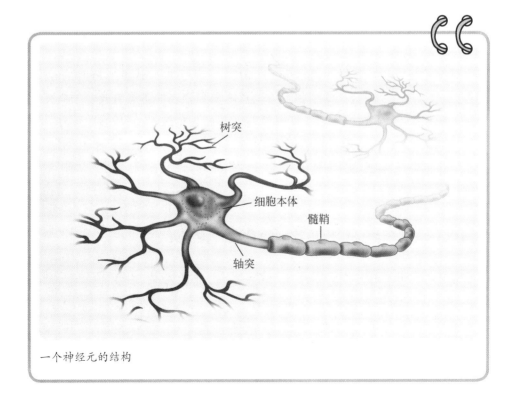

树突

细胞本体

髓鞘

轴突

一个神经元的结构

骨骼肌细胞由大量的、长长的肌纤维互相平行排列形成，而肌纤维由几个肌细胞融合生成，因此每条长的肌纤维都有不止一个细胞核。肌纤维有深浅交替的条纹，显示出纹状纤维。肌腱将骨骼肌与骨头相连。当骨骼肌收缩时，会使关节处的骨骼移动，这里骨骼肌收缩是非条件的，且它能使动物走动、跳起以及发出声音。

心肌组织可以在脊椎动物的心脏中找到。它类似于骨骼肌组织，由横纹肌纤维组成，像平滑肌细胞一样可以自动收缩。心肌组织由小的、互相连通的单核小细胞组成。它们的末端形成一个紧密的网状结构，而这些网格有助于在细胞间传递信号，使心脏收缩。

▶ 运动能增加肌肉细胞的数量吗？

运动不会增加肌肉细胞的数量。成年动物有固定数目的骨骼肌细胞。然而，运动可以拉长现有的骨骼肌细胞。

▶ 神经组织里有什么类型的细胞？

神经元是一种特化细胞，能够产生和传导"电脉冲"，或者说是神经信号。神经元由包含一个细胞核的细胞本体以及两种细胞质的扩展组成——树突和轴突。树突有许多细小的分支（像树的形状），正是如此，它可以接收信号。轴突是管状的，能够传递来自细胞本体的神经脉冲（一般到下一个神经元）。神经组织里的其他细胞则可为神经元提供营养、隔离树突和轴突，以及加快信号的传递。

▶ 目前为止，在神经组织里找到了多少种神经元？

神经组织里，主要有三种类型的神经元：感觉神经元、运动神经元与中间神经元。感觉神经元可以将电信号从感受器（如眼睛、耳朵或皮肤的表面）传递到中枢神经系统。运动神经元可以将电信号从中枢神经系统传递到肌肉或是腺体。中间神经元既不是感觉神经元，也不是运动神经元，它们通过对信息进行精细处理，从而形成复杂的行为。中枢神经系统的大多数神经元都是中间神经元。

▶ **神经组织的功能是什么？**

神经组织是动物的通信系统，神经组织使动物能够接受周围的环境刺激并做出适当的反应。

器官和器官系统

▶ **什么是器官？**

器官是机体内的各种组织，它们相互协调配合，作为一个整体一起工作，形成一定的功能或功能组的结构。器官所发挥的功能具有整体的性质，也就是说里面任一组织都无法单独发挥这一功能。不同组织间的协同作用是动物的基本特征。心脏就是一种器官，它由心肌组织、结缔组织组成，并且心肌组织包裹在结缔组织里。心室内排列着上皮细胞，神经组织控制心肌进行节奏性的收缩。

▶ **器官系统是什么？**

器官系统是一组器官相互协调配合，行使重要的机体功能。脊椎动物有12种主要的器官系统。

表4.1　机体内各器官系统的组成及其功能

器官系统	组　　成	功　　能
循环系统	心脏、血液以及血管	为全身输送血液，为机体提供营养，输送氧气至肺部，将废物运到肾脏
消化系统	嘴、食管、胃、小肠、肝脏、胰腺	消化食物，并将其分解成更小的化学单元
内分泌系统	垂体和肾上腺、甲状腺以及其他无管腺体	调节机体代谢平衡
泌尿系统	肾、膀胱以及尿道	清除血液中的废物

（续表）

器官系统	组　　成	功　　能
免疫系统	淋巴细胞、巨噬细胞以及抗体	清除外源物质
上皮组织	皮肤、头发、指甲和汗腺	保护机体
淋巴系统	淋巴结、毛细淋巴管、淋巴管、脾脏以及胸腺	过滤血液，将其运回到循环系统中
肌　肉	骨骼肌和心肌以及平滑肌	运动
神经组织	神经细胞、感受器、大脑、脊髓	接受外界信号、过程信息，指导机体活动以及生殖繁衍
呼吸系统	肺、气管以及其他空气管道	交换气体，吸收氧气、排出二氧化碳
骨　骼	骨骼、软骨、韧带	保护机体和为机体的移动提供支持
生殖系统	睾丸、卵巢和相关器官	进行繁殖

▸ 哪个器官系统对个体的生存不是必需的？

生殖系统对个体的生存而言不是必需的。如果没有生殖系统，每个个体都可以生存。但另一方面，生殖系统对物种的延续而言是至关重要的。

消　　化

▶ 动物体中，食物所经历的步骤有哪些？

第一步是消化食物。通过消化系统，食物被分解成分子，分子被吸收然后提供能量。食物顺着消化道被消化吸收，为机体提供能量。食物在机体中所经历的最后一步是清除，即未能消化的物质从消化道排出。

▶ 动物是如何按其食物类型分类的?

动物可根据它所吃的食物类型分成三类:草食性动物,肉食性动物,杂食性动物。只吃植物的称为草食性动物,例如牛、鹿和其他以藻类为食的水生物种;吃其他动物的称为肉食性动物,例如狮子、鲨鱼、蛇和鹰;既吃植物又吃其他动物的称为杂食性动物,人类、乌鸦、浣熊都是杂食性动物。

▶ 动物的牙齿类型是怎么反映出它们所吃的食物的?

食草动物有着锋利的门齿,可以用来咬食植物(如草的叶片或是植物的其他部分)。

食草动物有扁平的前臼齿和臼齿,用来碾磨、粉碎草类或是其他植物。食肉动物有突出的门齿和为了嚼碎肉而增大的犬齿,它们的前臼齿和臼齿呈锯齿状排列,以便咀嚼肉类。杂食性动物由于既吃肉又吃草,所以牙齿没有分化。

▶ 不断供给型动物和间断供给型动物的区别是什么?

不断供给型动物又叫作滤食动物,指那些需要不断吸入含有营养物质的水的水生动物(像小的浮游生物或是鱼类),因此它们不需要诸如胃那样的贮食空间。间断供给型动物必须定期捕食来维持机体活动,相应地,它们机体需要贮存食物的空间。

▶ 行使消化系统功能的主要器官有哪些,它们的各自功能是什么?

消化系统包括口、消化道或胃循环腔、食管、胃、小肠、大肠以及肛门。口是消化的起点。消化腔有两个开口的动物,消化系统包括一条消化道、一条将食物从口部运送至肛门的管道。与之相对应地,消化腔只有一个开口的动物,会拥有胃循环腔,它能够为消化活动提供场所。食管是另一个能够将食物运送至胃部的管道。胃(或者叫嗉囊,存在于某些物种中,如鸟类)可以存储食物并为消化活动提供空间。食物进入胃部后,相应的酸和酶会将食物分解,之后进入小肠。

营养物质通过肠吸收。大肠（也称为结肠）比小肠短，但直径比小肠大，在这里，消化后残留的固体物质会被压实，然后通过肛门排出。

▶ 为什么牛有四个胃？

为了增强对低质量草料的消化能力，牛有四个胃，分别为：1）瘤胃；2）蜂巢胃（或称网胃、蜂窝胃）；3）瓣胃；4）皱胃。

奶牛是一种反刍哺乳动物，它们吃食很快，并且在它们吞下食物之前，食物都不用被完全嚼碎。食物的液体部分首先进入网胃，而其固体部分进入瘤胃（在这里，固态部分能被软化）。消化的第一步是瘤胃中细菌将食物分解，然后部分液化了的植物回流到口中，再次咀嚼，这个过程就叫作反刍。牛每天要花 5～7 h 进行反刍，大约 6～8 次。咀嚼过的反刍物直接进入胃的其他腔室，在那里微生物会帮助进一步消化。食草动物有更长的小肠，这样就可以使营养物质最大化地被吸收。

▶ 还有哪些反刍动物？

反复咀嚼食物的动物称为反刍动物，它们包括家牛、野牛、水牛、山羊、羚羊、绵羊、鹿、长颈鹿以及霍加狓（一种非洲鹿）。

▶ 啮齿动物、家兔、野兔如何消化纤维素？

啮齿动物、家兔、野兔不像牛有瘤胃来消化纤维素，相应地，它们使用盲肠，这个大袋子在微生物的帮助下消化纤维素。盲肠位于大肠和小肠的结合处。因为盲肠在胃上边，不像反刍动物，它们不能让胃里的物质再次返回到口中。然而，这些动物可以通过消化自己的排泄物，使它们的粪便再次通过自己的消化道，这样它们就能吸收盲肠中微生物产生的营养物质。

呼　　吸

▶ **什么是呼吸作用?**

呼吸作用是机体和外界环境之间交换氧气和二氧化碳的过程。呼吸作用（气体交换）有三个阶段：1）呼吸，这时动物吸入氧气，释放二氧化碳；2）通过血液（循环系统）运输气体到机体组织；3）在细胞层面上，这时细胞吸收氧气，并释放二氧化碳到血液中。

▶ **呼吸作用的发生场所在哪里?**

不同种类的动物有不同的呼吸器官来进行气体交换。有四种呼吸器官：1）皮肤；2）鳃；3）气管或导管；4）肺。许多脊椎或是无脊椎动物，包括两栖动物，通过它们的皮肤呼吸。大多数通过自己皮肤呼吸的动物（这个过程称为皮肤呼吸）都是小的、细长的以及扁平的，诸如蚯蚓、扁形虫。为了使它们的身体表面保持潮湿，所有依赖皮肤呼吸的动物都生活在潮湿的地方。毛细血管，即小血管，能够将富含二氧化碳、缺乏氧气的血液带到皮肤表面，在那里通过扩散来进行气体交换。

从水生昆虫幼虫以及一些水生两栖动物的角度来看，鳃可能是体表的一种延伸。氧气通过鳃的表面扩散到毛细血管中。鱼和其他一些海洋动物都有内鳃。鱼从口部吸入水，然后水平稳地流过鳃，再通过鳃裂流出。有些具鳃的动物会在陆地上生活一段时间，但它们也一定会在潮湿的环境中生活一段时间，以便发挥鳃的作用。

在绝大部分陆生动物体内，可以找到进行气体交换的器官——肺。肺部有湿润的上皮细胞，以防止其过分干燥。一些动物，包括肺鱼、爬行动物、鸟类以及哺乳动物都有特殊的肌肉将气体运进和运出肺部。然而，有些动物的肺具有特殊的开口，能够直接和外表面连接，因此不需要特殊的肌肉帮助运输空气。

昆虫有一个内部导管系统，称为气管。它们通过气门将外部世界和机体内部联通起来。一些昆虫依赖肌肉来运输气体，另一些则通过被动运输来完成气体交换。

一些蜘蛛除了气管外,还有书肺。书肺是叶片状、血液能从其中流过的中空结构。书肺悬在开放的空间中,和微管相连,而微管的另一端则和空气直接连通。

▶ 不同动物的呼吸速率为多少?

表4.2　不同动物的呼吸速率

动　　物	每分钟的呼吸速率（次）	动　　物	每分钟的呼吸速率（次）
西部菱斑响尾蛇	4	长颈鹿	32
马	10	鲨　鱼	40
狗	18	鲑　鱼	77
鸽　子	25～30	老　鼠	163
牛	30		

▶ 与其他哺乳动物相比,人类的屏气能力如何?

表4.3　人与动物的屏气时间

哺乳动物	平均时间（min）	哺乳动物	平均时间（min）
普通人	1	海　象	16
北极熊	1.5	海　狸	20
潜水采珠人	2.5	海　豚	15
海　獭	5	海　豹	15～28
鸭嘴兽	10	格陵兰鲸	60
麝　鼠	12	抹香鲸	90
河　马	15	巨齿鲸	120

▶ 鲸或海豹等呼吸空气的哺乳动物为什么能长时间潜水?

　　海豹或鲸之所以能长时间潜在水下,是因为它们可以储存氧气。相比之下,人类将36%的氧气储存在肺中,将51%的氧气储存在血液中,而海豹则将70%的氧气储存在血液中,仅5%存储在肺部。它们还能在肌肉中存储更多的氧

人每年呼吸多少次？

每个成年人大约每年呼吸400～1 000万次。静止时每次大约呼吸500 mL空气,而剧烈运动时则每次呼吸3 500～4 800 mL空气。

气——25%（人类则是13%）。在水下时,这些动物的心率以及耗氧量都会大大降低,这样就可以让它们一次在水下待上至少2 min。

▶ 海洋哺乳动物能在水下待多长时间？

表4.4　不同海洋哺乳动物所能达到的最大水深以及最长潜水时间

海洋哺乳动物	最大水深（m）	最长潜水时间（min）
威德尔氏海豹	600	70
海　豚	300	6
巨齿鲸	450	120
长须鲸	350	20
抹香鲸	＞2 000	90

循　　环

▶ 循环系统有哪些功能？

循环系统的最基本功能是将营养和氧气输送给机体中所有的细胞。当然,它还可以将细胞中的废物运输到废物处理器官,如将二氧化碳运输到肺,将代谢废物运输到肾脏。此外,循环系统对维持机体内稳态有重要作用。

人类身体中的血管到底有多长？

如果将人类身体内的血管首尾连接，大约有 96 000 km。

▶ 开放循环系统和封闭循环系统的区别是什么？

开放循环系统存在于许多无脊椎动物中（如蜘蛛、小龙虾以及蚱蜢），它们的血液不总是在血管中。它们的血液定期地离开血管，浸润组织，然后回到心脏。它们没有和血液分离的组织间液。封闭循环系统，也叫心血管系统，存在于所有的脊椎动物以及许多无脊椎动物中，在封闭循环系统中血液从不离开血管。

▶ 循环系统的组成有哪些？

循环系统由血管、心脏和血液组成。封闭循环系统中，血管的三种类型分别为动脉、毛细血管以及静脉。动脉将血液从心脏运往机体各器官，静脉则将循环后的血液运回心脏，而毛细血管则通过建立复杂微管网络，在动脉和静脉之间传输血液。

▶ 所有动物都有血液吗？

一些无脊椎动物，像扁虫和刺胞动物是没有含有血液的循环系统的。

这些动物拥有类似于海水的混合着噬菌细胞、少量蛋白以及盐的清澈的、充满水的组织。具有开放循环系统的无脊椎动物有着更复杂的流体组织，这种组织就称为血淋巴（英文为 hemolymph，源自两个词，一个是希腊词 haimo，意为血液；另一个是拉丁词 lympha，意为水）。有着封闭循环系统的无脊椎动物有血管中的血液，而脊椎动物的血液则由血浆组成。

▶ 为什么小型动物没有循环系统？

较小型的动物，如水螅，由于其细胞能够通过扩散有效地交换物质（如营养物质、气体以及废物），因此它们没有独立的循环系统。这些动物的相关细胞接近身体表面，因此能够有效地交换营养物质。

▷ 谁第一个阐述了"循环系统"这个概念？

威廉·哈维（William Harvey, 1578—1657）是第一个阐述人类机体以及其他动物体内有循环系统的人。哈维假设，心脏是循环系统的动力泵，使血液能在一个闭合回路中流动。哈维为了验证他的假设（心脏是动力泵，使血液以循环方式不断流动），一方面研究活着的生物，另一方面还解剖了死亡机体。他还观察到，一旦一条动脉被切开，整个系统里面的血液就会流光，同时他还发现静脉里的瓣膜能够帮助将血液送回心脏。

▷ 血型有哪些？

直至今日，已知的基因所决定的人类血型系统超过20种，其中ABO血型以及Rh血型系统是人们最为熟知的、输血时需检查的血型系统。不同种类的动物有着不同数量的血型系统。

表4.5　物种及其血型数目

物　种	血型数目	物　种	血型数目
人　类	超过20	猕　猴	6
猪	16	貂	5
牛	12	兔　子	5
鸡	11	老　鼠	4
马	9	蝙　蝠	4
羊	7	猫	2
狗	7		

▷ 所有的动物的血都是红色的吗？

血液的颜色和其输送氧气的物质有关。含有铁元素的血红蛋白是红色的，可在所有的脊椎动物以及许多无脊椎动物中找到。环节动物（分节蠕虫）既有

▶ 为了使血液能到达头部，长颈鹿是如何克服重力作用的？

长颈鹿的头部大约高出其心脏2 m。为了使血液能够运送至脑部，长颈鹿的血压几乎是人类的两倍，因此长颈鹿的动脉壁也相对厚一点。静脉的瓣膜则能够帮助血液从腿部流回心脏，而颈部的瓣膜则可以在长颈鹿低头喝水时，阻止血液回流到头部。

绿色的色素——血绿蛋白，又有红色素——蚯蚓血红蛋白。一些甲壳纲动物（节肢动物，顾名思义，有一节一节分开的身体，大部分都有鳃）的机体里有蓝色素，即血蓝蛋白。

▶ 人类和其他哺乳动物的心率分别是多少？

表4.6　人类和其他哺乳动物的心率

哺乳动物	静息心率（每分钟次数）	哺乳动物	静息心率（每分钟次数）
人　类	75	猫	110～140
马	48	蝙　蝠	360
牛	45～60	老　鼠	498
狗	90～100		

排　泄　系　统

▶ 排泄系统的功能有哪些？

排泄系统专门用来清除机体产生的废物，当然，它还可以调节机体的水盐平衡。

▶ 不同物种，排泄系统有什么区别？

许多动物，像海绵、水母、绦虫等小生物，没有独立的排泄系统，它们通过漫射，将废物排出体外。而复杂一点的动物则是有专门的器官去排泄废物，如导管。比如，扁虫类的涡虫就有可以收集废物的导管，然后通过气孔将废物排出体外。还有分节蠕虫类的蚯蚓，它们身体中的每一节都有肾管（有纤毛的开口小管）。从体腔流出的液体被推进肾管，机体产生的废物通过气孔排出体外，某些物质则被重新吸收。昆虫有由马氏管组成的独特的排泄系统，它们的代谢废物从体腔进入马氏管，水以及其他有用的物质被重新吸收，而相对应地，尿酸则排出体外。脊椎动物则通过肾来处理代谢废物。

▶ 不同动物分别排泄哪些含氮废物？

因为纯氨的排泄物是有剧毒，且易溶于水的，所以它只能由水生动物排出，陆生动物会排出尿素和尿酸。尿素的毒性大约只有氨的十万分之一，所以它可以储存在体内以及用相对少的水来使之排出。处理尿酸用的水也很少，而且它们常常以糊状或是干粉状排出，其中一个例子就是海鸟或蝙蝠排出的白色固体粪便。

表4.7　含氮废物类型、动物类型及其栖息地

含氮废物类型	动物类型	动物栖息地
氨	水生无脊椎动物、硬骨鱼、两栖动物的幼虫	水
尿　素	成年两栖动物、哺乳动物、鲨鱼	陆地；水（鲨鱼）
尿　酸	昆虫、鸟类、爬行动物	陆地

▶ 含氮废物如何代谢？

氨、尿素、尿酸是含氮代谢产物，它们是包括核酸、氨基酸在内的各种分子分解的结果。一些氨基酸可以用来合成新的蛋白质，而另一些则被氧化以产生能量，或者转化为脂肪或碳水化合物以储存能量。一旦经过分解，氨基（包含一个氮原子、两个氢原子）就被移除，否则动物最终会中毒。氨是含氮废物中毒性

最强的，它是在氨基上加一个氢原子形成的。尿素和尿酸都是毒性较轻的含氮废物，不过，它们的形成需要消耗更多的能量。

▶ 鱼喝水吗？

海生硬骨鱼，如金枪鱼、比目鱼以及大比目鱼需要通过鳃"饮用"海水，来补充因为渗透作用和通过鳃流失的水分。据估计，它们每小时喝下其体重1%的水，相当于人类每小时喝下3杯（约700 mL）的水。它们的鳃可以处理因为大量饮用海水带来的多余的盐分。这些鱼还会排泄少量和其体液具有等渗压的尿。与此相对地，软骨鱼（例如鲨鱼和鳐鱼）不必饮用水去维持自身的水平衡（渗透平衡）。它们会重新吸收它们的代谢废物尿素，营造以及维持高于哺乳动物100倍的血液尿素浓度，这样，它们的肾脏和鳃就不必从其机体里移除大量的盐。

除了摄取食物的时候，淡水鱼从不特地饮水。这些鱼类很容易获得水，因为相对于周围的水而言，它们的体液是低渗（包含较低的盐度）。它们通过鳃吸收水来维持体内盐的正常平衡，每天会排泄大量稀释过的尿液。淡水鱼每天排出的尿量大约等于自己体重的三分之一。

▶ 广盐性鱼类的两种类型分别是什么？

有两类广盐性（英文词euryhaline源自两个希腊词，一个是eurys，意为"广的"；一个是hals，意为"盐"）鱼类。一类生活在河口或是潮间带，这里的盐度会随着一天水的涨落而变化，如金枪鱼、杜父鱼、鳟鱼；另一类是鲑鱼、鲱鱼、鳗

▶ 鲑鱼喝水吗？

鲑鱼是广盐性鱼类，它既可以生活在淡水中也可以生活在海水中。生活在淡水中时，它和其他所有淡水鱼一样，不喝水。但当转换到海洋中生活时，它们为了适应环境的变化、弥补水的损失以及维持盐平衡，会喝海水。

鱼等,它们的生命周期中的一部分在淡水中度过,一部分在海水中度过。

▶ 还有其他的动物会饮用海水吗?

生活在海边的鸟类或是爬行动物也能够饮用海水。这些动物的眼睛旁边有鼻盐腺,通过这一腺体,它们可以排泄出多余的盐水。

▶ 尿液的成分是什么?

尿液由水、溶解在水中的有机废物以及一些盐分组成。当然尿液的成分会随着饮食、一天中时间的变化以及是否患有疾病而变化。一些数据表明,尿液由95%的水以及5%的固体组成。对于有机废物类,每1 500 mL尿液中含有30 g的尿素,1～2 g肌酸酐和氨,以及1 g尿酸;而从盐分或离子类的角度来说,1 500 mL尿液中,则含有25 g钠、钾、镁、钙之类的阳离子,以及氯化物、硫酸盐、磷酸盐等阴离子。

▶ 肾脏透析是如何清除体内废物的?

受损或是患病的肾是不能清除体内的毒废物的。而肾脏透析可在肾脏失灵时,移出含氮废物以及调节血液的pH值。血液由动脉,经过一系列由透性膜组成的管道和透析液以及一个透析机泵出,而尿素以及多余的盐在血液通过透析机时被排出血液;对于必需离子,它们则通过渗析液回到血液,就这样干净的血液又再次回到体内。

内 分 泌 系 统

▶ 内分泌系统的功能有哪些?

内分泌系统是机体的主要化学调节系统。由内分泌腺或神经分泌细胞,合成并分泌激素以及化学物质(它们同时也是内分泌系统的信使)。激素可通过血液运往全身各处,与靶细胞发挥作用(拥有激素受体的细胞),因此它们可以调节代谢速率、生长、成熟和繁殖。

▶ 什么是神经分泌细胞?

神经分泌细胞是特化了的能够合成和分泌激素的神经细胞。最著名的例子当属能够分泌催产素以及抗利尿激素、位于下丘脑的神经元以及肾上腺髓质细胞,这些细胞在脊椎动物以及无脊椎动物中均可找到。

▶ 谁第一个发现了激素?

英国的生理学家威廉·贝利斯(William Bayliss, 1860—1924)和欧内斯特·斯塔林(Ernest Starling, 1866—1927)于1902年发现了促胰液素,并用"激素"这个词去描述这种化学物质。他们发现这种物质作用地点和生成地点有一定距离。他们著名的实验是将狗麻醉,然后注射稀释了的盐酸和半消化的食物,发现这样可以促进十二指肠部位某种化学物质的分泌;然后这种化学物质进入血液,和胰腺细胞接触,促进胰腺分泌消化液;最后消化液通过胰管进入小肠,从而促进食物消化。

▶ 脊椎动物体中有哪些内分泌腺,它们所分泌的激素是什么?

脊椎动物体内大约有10种主要的内分泌腺。

表4.8　内分泌腺及其分泌的激素、靶细胞和主要功能

内分泌器官	内分泌器官产生的激素	靶 细 胞	主 要 功 能
脑垂体后叶	抗利尿激素(ADH)	肾　脏	刺激肾脏对水的再吸收
	催产素	子宫,乳腺	刺激子宫收缩;刺激分泌乳汁
脑垂体前叶	生长激素(GH)	几乎所有细胞	刺激生长,特别是细胞分裂和骨骼生长
	促肾上腺皮质激素(ACTH)	肾上腺皮质	刺激肾上腺皮质
	促甲状腺激素(TSH)	甲状腺	刺激甲状腺

内分泌器官	内分泌器官产生的激素	靶细胞	主要功能
脑垂体前叶	黄体生成素（LH）	性腺	刺激卵巢和睾丸
	促卵泡激素（FSH）	性腺	控制精子和卵子的生成
	催乳素（PRL）	乳腺	刺激乳汁分泌
	促黑素细胞激素（MSH）	皮肤	调控两栖动物、爬行动物的皮肤颜色；但在人体内功能未知
甲状腺	降钙素	骨骼	降低血钙含量
甲状旁腺	甲状旁腺激素	骨骼、肾、消化道	提升血钙水平
肾上腺髓质	肾上腺素以及去甲肾上腺素（肾上腺髓质）	骨骼肌、心肌以及血管	启动应激反应，使心跳加速，血压升高，代谢速率加快以及使某些血管收缩
肾上腺皮质	醛固酮	肾小管	刺激肾脏对钠的再吸收，以及对钾离子的释放
	皮质醇	几乎所有细胞	升高血糖含量
胰腺	胰岛素	肝脏	降低血糖含量；刺激糖原的生成和贮存
	胰高血糖素	肝脏、脂肪组织	升高血糖含量
卵巢	雌激素	几乎所有细胞；雌性生殖器官	激发雌性第二性征以及刺激子宫内膜
	黄体酮	子宫、乳房	促进子宫内膜的生长以及刺激乳房生长
睾丸	雄激素（睾丸素）	几乎所有细胞；雄性生殖器官	刺激雄性性器官的发育和精子形成
松果体	褪黑素	性腺、色素细胞	影响每天或是季节性的节律活动（昼夜节律周期）；影响一些物种的色素沉淀

▶ 什么是"战或逃（fight-or-flight）"激素？

在压力环境中，肾上腺会分泌肾上腺素和去甲肾上腺素。这些激素会带来一些熟悉的感觉，例如心跳加速、呼吸加快、血压升高以及皮肤上起鸡皮疙瘩。这些感觉都是对压力环境的反应。

▶ 类固醇激素和非类固醇激素的区别在哪儿？

类固醇激素，例如雌激素或是睾固酮，会进入靶细胞，并直接和细胞核内的DNA作用。非类固醇激素，像肾上腺素，大部分不会进入靶细胞，会和细胞膜外的受体蛋白结合，之后就会促成一系列的代谢反应。

▶ 合成类固醇有什么危害？

合成类固醇是一种模拟睾固酮或是其他雄性激素效果的药物。它能够构造肌肉组织、强健骨骼、加速肌肉在运动或是受伤后的复原。它们有时可以用于治疗一些类型的贫血和绝经后妇女的骨质疏松。合成类固醇已然成为竞赛体育中争议的焦点。而且，绝大多数竞赛举办方已经禁止使用此类药物，因为其对健康造成损害，也会破坏运动员之间竞赛的公平。

合成类固醇药物会带来高血压、痤疮、水肿等不利影响，而且也会对肝脏以及肾上腺产生一定的伤害；还会产生一些精神病症状，包括幻想、妄想以及狂躁发作。男性体内的合成类固醇可能会导致不育、阳痿、过早秃顶等，而女性则会出现男性特征，比如毛发旺盛、男性型脱发、声音变粗等。未成年或是儿童使用合成类固醇，会影响他们骨骼的发育，造成他们成年后身材矮小。

▶ 什么是甲状腺肿大？

甲状腺肿大是由于甲状腺功能减退（甲状腺素过少）造成的甲状腺肿大。其中碘的摄入不足是引起甲状腺肿大的常见原因。

▶ I型和II型糖尿病的区别是什么？

糖尿病是一种激素型疾病，表现为人体细胞不能从血液中吸收葡萄糖。I型糖尿病是一种胰岛素依赖型糖尿病（IDDM），而II型则是非胰岛素依赖型糖尿病（NIDDM）。换句话说，I 型糖尿病是一种机体中完全缺乏胰岛素的疾病，而二型糖尿病患者体中的胰岛素分泌是正常的，只是胰岛素靶细胞对胰岛素缺乏响应。

神 经 系 统

▶ 什么是神经系统?

神经系统是由神经细胞组成的高度复杂、相互联系的系统，可在脊椎动物的脑部以及脊髓之间传递信息。它传递的过程大致是，感觉的输入——处理输入的感觉——将其整理成信息，然后将信息发给组织或是器官，从而完成精确的反应。脊椎动物体内，神经系统由两部分组成：1）中枢神经系统，由大脑以及脊髓组成；2）周围神经系统，负责传递中枢神经系统的信号。

▶ 脊椎动物和无脊椎动物的神经节有什么差异?

最简单的神经系统是刺胞动物的神经网，如水螅类动物。这种神经网是放射状地、对称分布在机体内的神经细胞网络。这里，神经细胞要么和另一个神经细胞联系，要么和表皮细胞里的肌纤维相互作用，然而，这些动物并没有分化出头以及脑。无脊椎动物拥有两侧对称的神经系统，像涡虫或是环节动物和节肢动物。相应地，在它们体内有分化出的大脑（由许多神经元在前端或是头部集聚形成的）、一或多个神经索以及中枢神经系统。而对于脊椎动物而言，它们不仅有中枢神经系统，还有周围神经系统。

▶ 什么是髓磷脂?

髓磷脂是包裹着神经轴突的绝热层。周围神经系统中，髓磷脂由包裹着神经轴突的施旺细胞（一种支持细胞）形成，而在中枢神经系统中，髓磷脂则是由少突细胞构成（另一种支持细胞）。每个这样的细胞构成髓磷脂鞘的一部分。

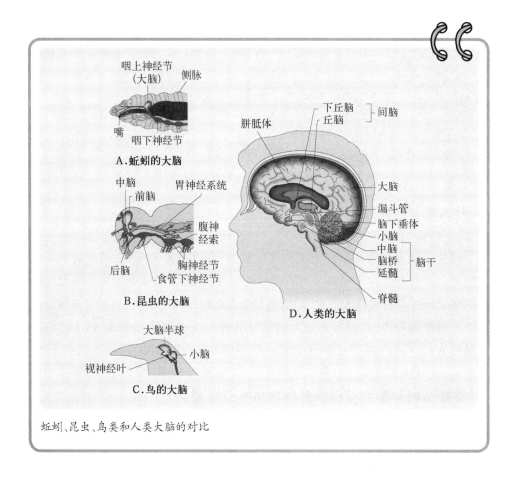

A.蚯蚓的大脑

咽上神经节
（大脑）

嘴

咽下神经节

侧脉

B.昆虫的大脑

中脑

前脑

后脑

胃神经系统

腹神
经索

胸神经节

食管下神经节

C.鸟的大脑

大脑半球

视神经叶

小脑

D.人类的大脑

下丘脑

丘脑

间脑

胼胝体

大脑

漏斗管

脑下垂体

小脑

中脑

脑桥

延髓

脑干

脊髓

蚯蚓、昆虫、鸟类和人类大脑的对比

髓磷脂中单独的施旺细胞或是单独的少突胶质细胞之间的空隙是神经轴突的一个裸露区域，被称为朗飞结。神经冲动在髓鞘纤维上从一个朗飞结跃至另一个朗飞结，快速传导，所以这种传导方式又称为跳跃传导。

▶ 什么是脱髓鞘疾病？

脱髓鞘疾病包括中枢神经系统或是周围神经系统的神经元髓鞘损伤。多发性硬化症（MS）就是一种慢性的、潜在地影响中枢神经系统的髓鞘的衰竭性疾病，同时也可能是一种自身免疫性疾病。多发性硬化症患者的机体会指挥产生抗体以及白细胞去对抗在大脑以及脊髓中的髓鞘蛋白，这样就会造成发炎以及对髓磷脂鞘的伤害。"脱髓鞘疾病"是一种专门用于机体中髓磷脂（一种存在于白细胞中的物质,能隔离神经末梢)缺失的疾病术语。髓磷脂能够帮助神经细胞以最快速度接收和分析从大脑传来的信号,因此一旦神经末梢失去这种物质,机体就不能正常地发挥相关的功能,从而造成结疤或是"硬化",其结果可能是多发性硬化。与此同时,这种损伤也会减缓甚至是阻碍肌肉协调、视觉感知或是其他依赖神经信号传导的功能。

著名的自身免疫性疾病有吉兰-巴雷(Guillain-Barrè)综合征。这种病的患者自身免疫系统会攻击部分周围神经系统,免疫系统会开始破坏许多末梢神经轴突周围的髓鞘,甚至是轴突自身。包裹在轴突周围的髓鞘能够加速神经信号的传递,并且能够让神经信号长距离传输。像吉兰-巴雷综合征这种周围神经的髓鞘损伤或是退化的疾病,其实就是一种神经信号无法有效传递的疾病。与之对应地,肌肉也渐渐无法有效执行大脑发出的命令(这种命令必须要经过神经系统传递)。当然,大脑从身体其他部位接收到的感觉信号也会减少,于是就导致了无法去感知事物的结构、温度、疼痛等其他感受。相应地,大脑也有可能会错误地接收到一些导致刺痛、"皮肤瘙痒"或是其他疼痛感觉的信号。因为这种信号是来自或是去到手臂或是四肢等需要长距离传输的地方,而这些四肢部位的信号传输是极易受干扰的。这种疾病的最初症状就是不同程度的腿部虚弱或刺痛的感觉。也有许多实例表明,这种虚弱或异常的感觉会扩散到手臂或是上半身。在严重的情况下,可能会由于肌肉无法正常发挥功能而导致患者全身瘫痪。所以,在这些例子中,这些疾病都是威胁到生命的,因为它们会对呼吸有干扰,当然有时也会影响到血压或是心率。这样的患者通常要戴上呼吸器来辅助呼吸,并密切观察他们所出现的问题,如是否有异常的心跳、感染、血凝块、高血压或是低血压等。然而,绝大多数患者都会从甚至是最严重的吉兰-巴雷综合征中恢复过来,当然,有一些患者仍然伴有某

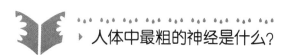
人体中最粗的神经是什么?

坐骨神经(从脊髓到腿的侧部都可以找到)是人体中最粗的神经。它的直径是1.98 cm,粗细相当于一支铅笔。

种程度上的虚弱症状。

▶ 脊椎动物体内，周围神经系统是怎样运转的？

周围神经系统可分为两部分：感觉部分以及肌动部分。对于感觉部分，它有两套神经元：一套是（来自眼睛、耳朵或是其他外部感觉器官）带来外部环境信息的神经元；另一套是向中枢神经系统提供机体自身信息的神经元，如血液的酸度。肌动部分包含躯体神经系统以及自主神经系统两部分：躯体神经系统将神经信号传至骨骼肌或是皮肤，这些神经信号大多是对于外界刺激的反应，它们控制机体的自主运动，自主神经系统的神经元是无意识的，这部分会继续分化为交感以及副交感部分。交感部分可以使机体为进行强烈的运动做好准备，它们是一种"战或逃"反应；副交感部分，亦称为"管家系统"，参与所有松弛状态有关的反应，如消化。

▶ 脊椎动物的脑是怎样运转的？

脊椎动物的大脑分为三个部分：后脑、中脑以及前脑。脑中每个区域的大小随物种的不同而异。前脑可认为是脊髓的延续，也因此，它是大脑最基础的部分，它的功能是协调肌动反应。中脑用来处理视觉信息，前脑则是鱼类、两栖动物、爬行动物、鸟类以及哺乳动物等处理感觉器官信息的中心。

▶ 什么是反射？

反射是脊髓针对某种特定刺激而做出的公式化的、无意识的应答。

▶ 是谁提出了左右脑功能不同这一概念？

罗杰·斯佩里（Roger Sperry, 1913—1994）是第一个认为左右脑功能不同并开始研究这一课题的人。左脑控制语言、逻辑以及数学能力；右脑和想象力、空间思维、艺术、音乐以及情感有关。斯佩里因此获得了1981年的诺贝尔生理学或医学奖。

▶ **最早描述帕金森综合征是在什么时候？**

1817年，伦敦内科医生詹姆士·帕金森（James Parkinson, 1755—1824）首次在《震颤性麻痹论》一文中正式描述了帕金森综合征。

◉ 哪些疾病会影响到神经系统？

癫痫、多发性硬化症、帕金森病都是神经系统疾病。癫痫是一种神经系统疾病，常表现为大脑中神经元集群紊乱，当然有时也会表现为神经信号不正常。癫痫症患者中，由于神经细胞正常的活动被干扰，从而造成一些奇怪的感受、情绪、行为，有时也会出现抽搐、肌肉痉挛甚至失去意识的现象。造成癫痫的原因是多种多样的，任何对神经细胞正常活动有干扰的因素均可引发癫痫——从疾病到大脑损伤，再到大脑发育异常。当然，也有可能是因为大脑里线路连接的不正常，被称为"神经递质"的神经信号物质的失衡，或是这些因素的组合。

帕金森病是一种退行性神经疾病，主要是由于大脑中控制运动区域的神经元的退化引起的，这种退化会造成大脑中化学信号之一的多巴胺短缺，从而造成人的运动障碍。

◉ 痴呆最常见的两种类型是什么？

"痴呆"是用来描述由大脑功能改变引起的一类的疾病。老年人中最常见的痴呆类型是阿尔茨海默症以及多发脑梗死性痴呆（有时也叫作血管性痴呆）。这种类型的痴呆是不可逆的，也就是说它是不可治愈的。阿尔茨海默症患者是由于大脑中某一神经细胞的改变造成大量细胞的死亡，它的程度也会从轻度健忘到思维、判断力甚至是日常生活能力的严重障碍不等。

多发脑梗死性痴呆是由于大脑血管中血液供给的改变或是一系列小中风造成的脑组织死亡。小中风在脑中出现的部位决定了问题的严重性以及所对应的症状。症状可能会突然出现，它们就是这种痴呆的一种预示性迹象。多发脑梗死性痴呆患者有可能出现改善的迹象，或保持稳定很长一段时间，然而如果再次发生中风，就会快速出现新的症状。在多发脑梗死性痴呆患者中，最常见的病因就是高血压。

▶ 感觉信息如何传递到中枢神经系统？

感觉信息传递到中枢神经系统要经过刺激、转导、传递三个步骤。物理刺激（光或是声压）经过转换成为神经细胞里的电信号，这一过程被称为"转导"，然后电信号以动作电位的形式传递到中枢神经系统。

▶ 受体的主要类型有哪些？

受体细胞是一类接受刺激的细胞，而且每种类型的受体都会对特定的刺激产生反应。机体中五种主要的受体类型分别为痛觉感受器、温觉感受器、机械感受器、化学感受器以及电磁感受器。

痛觉感受器最有可能在动物体内找到，然而非人类对痛觉的感知是很难理解的。疼痛往往是一种危险的信号，动物会因此撤退到安全的地方。

皮肤上的温觉感受器对温度的变化很敏感。大脑中的温觉受体会监测血液的温度来维持正常的体温。

机械感受器对接触、压力、声波或重力很敏感，听觉就是依赖机械感受器的。

化学感受器对味道和气味很敏感。

电磁感受器对不同波长的能量（包括电、磁、光等）很敏感。最常见的电磁感受器是光感受器，它能够探测光线从而控制视觉。

▶ 人类和动物如何识别气味？

气味可以让动物、人类等其他有机体识别食物、伴侣、捕食者等，当然这些气味也可以带来感官愉悦（如花的气味），或者是预示危险（如化学危险）。鼻子里有特殊的受体细胞，这些细胞能够和有化学气味的蛋白质结合，从而产生电信号，之后传递到脑中嗅觉球状体，最后传递到前脑的嗅觉区域，从而产生嗅觉。

▶ 哪一种昆虫嗅觉最灵敏？

巨型雄蚕蛾（蚕蛾科）是世界上嗅觉最灵敏的昆虫。它们似天线般的触角被65 000个细小的纤毛所覆盖，而绝大多数纤毛都是化学感受器，让这些蚕蛾可以嗅到11 km以外的雌性体味。

▶ 味觉和嗅觉有何联系？

按照惯例，呼吸空气的脊椎动物（包括人类）中，味觉是通过直接接触（一般是通过嘴）形成的；与之对应地，嗅觉则是相隔一定距离的物质形成的，通常是通过鼻子嗅。然而，这种区别放在水生生物那里又是行不通的，尽管水生生物有发育好的化学感受器，但科学家们还是不会用"嗅觉"或是"味觉"来描述鱼类的感官。

▶ 脊椎动物中，光感受器有哪三种主要类型？

若是以光感受器类型来区分眼睛，那无脊椎动物中就有三种类型的眼睛：1）眼杯；2）复眼；3）单眼。眼杯由一束邻近部分互相遮蔽的光感受器细胞构成；而复眼则是由许多微小的光感受器形成，像小龙虾、螃蟹以及绝大多数昆虫均有复眼。单眼会在如鱿鱼、章鱼等头足类动物中找到，就像照相机一样，光线通过小的开口以及瞳孔，从而成像。

▶ 所有动物都有色觉？

大多数爬行动物、鱼类、昆虫和鸟类都有非常发达的颜色感知能力，而绝大多数哺乳动物均是色盲。不过，类人猿和猴子却可以区分颜色；而猫以及狗则是色盲，它们仅仅能够区分出黑色、白色以及灰色。

▶ 动物能比人类听到更多的声音频率吗？

声音的频率即是音高，频率的单位是赫兹（简称"赫"）。声音可分为次声波（低于人耳能听到的频率范围）、可闻声波（人耳能听到的）以及超声波（超出人耳听力频率范围）。

表4.9　人类与动物所能听到的声波范围

类　型	能听到的声波范围（Hz）	类　型	能听到的声波范围（Hz）
狗	15 ～ 50 000	海　豚	150 ～ 150 000
人　类	20 ～ 20 000	蝙　蝠	1 000 ～ 120 000
猫	60 ～ 65 000		

▷ 鸟类的听力有多敏感？

绝大多数鸟类都有很好的听力，鸟类的耳朵都紧贴着身体，并且被羽毛覆盖着，不过覆盖的羽毛没有小羽枝，这些小羽枝可能会阻碍声音的接收。不同高度的耳朵可以让鸟类精确定位声音的来源。像大角猫头鹰这样的夜行类猛禽类，为了能在漆黑的夜里捕捉到猎物，进化出了非常发达的听觉。

▷ 鱼类游在鱼群中时如何改变它们的行进方向？

鱼的运动经常使捕食者感到困惑，当鱼群觉察到水中压力的变化时，它们会随之发生运动上的改变。这一探知水中压力变化的系统是侧线器，沿着鱼身体两边的侧线上能找到它。沿着测线是一簇簇细小的绒毛，而在其内部则是果冻状的物质。一旦一条鱼变得警觉或者急转弯，就会在它周围的水中引起压力

 蝴蝶能看到颜色吗？

蝴蝶有高度发达的感受能力，它们所识别的光谱范围是所有动物中最大的，它们能看到从光谱红端到接近紫外线之间的所有颜色，能够区分人类无法分辨的颜色。

波。一旦压力波改变,附近其他鱼的测线器里的果冻状物质就会随之变形,这种变形又会激发神经冲动,并发出相应的信号至脑部,从而使整个鱼群改变行进方向。

▶ 一条电鳗能产生多少电?

电鳗的电流产生器官是其脊柱两侧的电板(进化的肌肉细胞),这些电板几乎覆盖了它的整个身体。它们平均能产生350 V的电量,但由中枢神经系统释放的电量其实高达550 V。这种冲击实际上包含4至8次分离的放电过程,而每次仅能持续千分之二到千分之三秒。当然,这种放电其实是一种防御机制,它们每小时放电150次都不会感到明显的疲劳。最强劲的电鳗生活在巴西、哥伦比亚、委内瑞拉和秘鲁的河流中,它们能产生高达400～650 V的电击。

▶ 恒温动物和变温动物的区别是什么?

变温动物,亦称为冷血动物,是通过吸收环境的热量来使其身体保持温暖,因此随着环境的变化,这些动物体温也会变化,不会恒定。绝大多数的无脊椎动物、鱼类、爬行动物以及两栖类都是变温动物。恒温动物,也叫温血动物,它们身体的温度是通过自身代谢所产生的热量来维持的。哺乳动物、鸟类、一些鱼类和一些昆虫均是恒温动物。即使它们处于温度变化很大的环境中,它们也能使自身的温度维持稳定。

▶ 什么是正常体温?

正常体温是动物可以接受的正常生活的温度。以下是各种恒温动物以及变温动物的正常体温。

表4.10　人类与动物的正常体温

种　　类	正常体温(℃)	种　　类	正常体温(℃)
人类(恒温动物)	37	狗(恒温动物)	38.9
猫(恒温动物)	38.5	奶牛(恒温动物)	38.3

种　类	正常体温（℃）	种　类	正常体温（℃）
母马（恒温动物）	37.8	蜥蜴（变温动物）	31～35
猪（恒温动物）	39.2	鲑鱼（变温动物）	5～17
山羊（恒温动物）	39.1	彩虹鳟鱼（变温动物）	12～18
兔子（恒温动物）	39.5	响尾蛇（变温动物）	15～37
绵羊（恒温动物）	39.1	草蜢（变温动物）	38.6～42.2
鸽子（恒温动物）	41		

▶ 除了人类以外，其他动物有指纹吗？

众所周知的是，大猩猩以及其他灵长类动物都有指纹。比较有趣的是，我们的近亲黑猩猩却没有。考拉熊也有指纹。澳大利亚相关研究显示，考拉熊的指纹，不论是在大小、形状还是类型上，都与人类的极其相似。

免 疫 系 统

▶ 免疫系统是如何发挥作用的？

免疫系统有两个主要的组成部分：在血液中循环的白细胞以及抗体，其中抗原-抗体反应是免疫系统最基础的反应。当抗原（抗体发生器）——一种有害的细菌、病毒、真菌、寄生虫或是其他的物质侵入人体时，一种特殊的抗体就会产生，从而去攻击抗原。抗体由脾脏淋巴结里的B淋巴细胞产生。这里，抗体可以直接攻击抗原，也可以去标记抗原，然后让巨噬细胞（一种白细胞）去吞噬外来入侵者。人类一旦感染过某种抗原，当这种抗原第二次入侵时会产生更快的免疫系统反应。人工免疫就是利用了这种抗原-抗体反应，使人们免于患上某种疾病：通过注射安全剂量的抗原至人体，可以产生有效的抗体，并为未来有害抗原的攻击做好准备。

▶ 什么是非特异性免疫?

非特异性免疫会没有区别地攻击所有入侵者。这种屏障包括皮肤、呼吸道或是消化道的黏膜,噬菌性白细胞以及非特异性防护的化学物质。非特异性免疫是机体对体内异物的第一道屏障。

▶ T细胞和B淋巴细胞有什么区别?

B淋巴细胞是一种白细胞,也是机体免疫系统的一部分。免疫系统和入侵机体且已穿过第一道防线的微生物做斗争。T淋巴细胞简称T细胞,是机体中两种主要的淋巴细胞之一,它可对抗绝大多数病毒,以及处理一些细菌、真菌或是监测癌症。T细胞占血液循环中淋巴细胞总数的60%～80%。它们在胸腺中成熟,然后就会去行使它们特殊的功能。杀伤性T细胞一旦和异常体细胞(被病毒入侵的细胞,或是移植组织中的细胞、癌细胞等)上的抗原结合,就会成倍地增加。这些杀伤性T细胞能附着在异常细胞上,然后释放淋巴因子去摧毁它们。辅助性T细胞能够协助杀灭细胞活性,并且能够控制免疫反应的其他方面。B淋巴细胞占整个淋巴细胞总数的10%～15%。它们和异常细胞上的抗原结合后,就会自身复制以及分化为浆细胞,接着,浆细胞在血液中分泌大量的免疫球蛋白或是抗体,这些物质能够附着在异常细胞的表面,开始一个消灭入侵者的过程。

▶ 免疫系统疾病有哪几种类型?

过敏、自身免疫病以及免疫缺陷是三种不同类型的免疫性疾病。过敏是机体对那些无害物质过度免疫,常见的过敏源有花粉、某些食物、化妆品、药物、真菌孢子以及昆虫毒液。抗体免疫球蛋白E导致了绝大多数的过敏反应。当接触到过敏原时,抗体免疫球蛋白E就会附着在肥大细胞或是嗜碱性粒细胞上,造成肥大细胞分泌组胺以及其他会引起炎症的化学物质,这样就会造成过敏反应。与此同时,过敏反应往往伴随着流鼻涕、呼吸困难、皮肤疱疹、皮疹或是肠胃不适,严重的过敏反应甚至会造成过敏性休克。

自身免疫病是一种免疫系统攻击自身的疾病。胰岛素依赖型糖尿病、类风湿性关节炎、系统性红斑狼疮、风湿热都是自身免疫病。比较起来,免疫缺陷症,像艾滋病，则是机体的免疫系统太脆弱，不能起到保护作用。

▶ 动物也会过敏吗？

据兽医所言，猫和狗会过敏，它们可能会对食物、昆虫叮咬、灰尘、家用日化产品或是花粉过敏。它们不会流鼻涕、眼泪汪汪的，它们的过敏症状是皮肤发痒、呼吸困难或者是消化道功能紊乱。

生　　殖

▶ 有性生殖和无性生殖的区别是什么？

无性生殖只用父母的其中一方便可产生后代，因此它的基因组成和其母体一模一样；而有性生殖产生后代，则是通过两性配子（单倍体细胞），融合形成受精卵（二倍体细胞）发育而成，雄性配子即是精子，雌性配子即是卵子。

▶ 无性生殖有哪些方法？

出芽生殖、分裂生殖以及断裂生殖是无性生殖的三种方法。出芽生殖，首先是母体产生分枝或是芽，然后芽从母体中分离出来，最终生长发育成新的个体。许多海绵动物和腔肠动物，像水螅、海葵等都是出芽生殖。分裂生殖是个体几乎按等分的形式分裂成两个或是更多的个体，每个新个体又可经过生长发育成为成熟个体。有些珊瑚虫就是通过纵向分裂成两个较小的、但拥有其生长发育所有基因的个体来繁殖的。断裂生殖是母体分解成几个片段，通过再生将碎片发育成相应成熟个体，海星就是通过这种生殖方式来繁衍的。

▶ 动物能再生出它们身体的一部分吗？

再生在很多动物身上都会发生。但随着物种的复杂性增加，它们再生的能力就会逐渐降低。最常见的是在原始无脊椎动物中,例如,涡虫能对称地分裂成两部分,最后形成两个完全一样的个体。较高等无脊椎动物,如棘皮动物中的海星以及节肢动物中的昆虫、甲壳虫均具有再生能力。海星在断裂了一只触手后能再生出新个体的能力已经为人熟知。附肢(四肢、翅膀、触角)的再生则会发生在像蟑螂、果蝇和蝗虫等昆虫身上,或是像龙虾、螃蟹和小龙虾那样的甲壳类动物身上。例如,小龙虾脱落爪的再生,会出现在它们下一次蜕皮时(为了生长脱去其外部坚硬的角质层/皮肤,接着又会生长出新的坚硬的外部角质层/皮肤)。不过有时,新长出来的爪子不能达到原来的大小,但蜕皮(一种每年会进行2至3次的过程)之后的生长,会使新生的爪子最终长到原来的爪子一样大小。在非常有限的范围内,一些两栖类动物或是爬行动物能长出失去的尾巴或腿。

▶ 什么是雌雄同体?

雌雄同体的动物既有雌性生殖系统又有雄性生殖系统。在没有找到配偶的情况下,雌雄同体为动物进行有性生殖提供了一种手段。例如,许多种类的绦虫个体能使自身的卵受精。还有其他物种,像蚯蚓,在繁殖时期,每个个体既可充当雄性又可充当雌性,即它们既能提供精子也能接受精子。

▶ 体外受精和体内受精有什么区别?

体外受精在水生动物中最常见,包括鱼、两栖动物以及水生无脊椎动物。在精巧的交配仪式后,雌鱼和雄鱼在水中以非常近的距离几乎同时释放精子以及卵子,水可以使精子和卵子保持湿润,一旦精子和卵子结合,受精即可完成。体内受精则需要精子接近或者在雌性生殖道内释放,这种生殖方式常常出现在那些会下有壳的蛋的陆生动物,如爬行动物以及鸟类。那些胚胎会在雌性体内生长一段时间的动物通常也是体内受精。

▶ 哪些水生动物能进行体内受精?

某些鲨鱼、鳐鱼、魟鱼都可进行体内受精,它们的腹鳍专门特化,可让雄性将精子传递给雌性,并且这些物种中的绝大多数,胚胎都会在体内生长发育并存活下来。

哪种动物的妊娠期最长？

妊娠期是动物从受精到出生的那一段时间。拥有最长妊娠期的不是哺乳动物，而是一种胎生的两栖动物——生活在海拔 1 400 m 的阿尔卑斯山上的阿尔卑斯高山黑蝾螈的妊娠期可长达 38 个月。

哪种哺乳动物的妊娠期最短？哪种哺乳动物的妊娠期最长？

哺乳动物中拥有最短妊娠期的是三种有袋动物：弗吉尼亚负鼠；稀有的水负鼠，也就是南美洲中部和北部的蹼足负鼠；澳大利亚的东袋鼬，它们的平均妊娠期只有 12～13 天。它们出生时还是不成熟的，不过它们会在母亲的腹袋里完成生长发育，直至成熟。当然 12～13 天只是它们的平均妊娠期，有些只要 8 天。具有最长妊娠期的哺乳动物是非洲象，它们的妊娠期平均长达 660 天，最长为 760 天。

什么是延迟着床？

延迟着床是一种哺乳动物延长其妊娠期的现象。由于囊胚推迟植入子宫壁，其将一直保持休眠状态，这个过程持续几周到几个月不等。许多哺乳动物（如熊、海豹、黄鼠狼、獾、蝙蝠以及一些鹿）利用这种现象去延长其妊娠期，这样它们就能在一年中的最佳时期分娩，以便它们的孩子能更好地生存。

蜘蛛一次能产多少枚卵？

蜘蛛一次产卵的数目随着物种的不同而异。一些较大的蜘蛛一次能产超过 2 000 枚卵，而许多小型蜘蛛只能产出 1 至 2 个，并且也许它的一生中所产的卵最多也不会超过 12 枚。一些中型蜘蛛大约能产 100 枚卵。绝大多数蜘蛛是一次产完所有的卵，并且将这些卵放入一个卵囊中，其余的蜘蛛则是隔一段时间产一次卵并将其放入若干数量的卵囊中。

海胆能产多少卵？

海胆产卵数目非常巨大，据估算雌性阿巴海胆能产出 800 万枚卵，而刺海胆则会产出更多,达到2 000万枚。

▶ 动物,特别是哺乳动物能活多长时间?

哺乳动物中,人类和长须鲸的寿命最长。人类最长寿命目前知是116岁。

表4.11 不同物种动物及其最长生命周期

动 物 种 类	最长生命周期(y)	动 物 种 类	最长生命周期(y)
马里昂乌龟	超过152	黑猩猩	51
蚌 蛎	大约150	白鹈鹕	51
卡罗莱纳箱龟	138	大猩猩	超过50
欧洲泽龟	超过120	家 鹅	49.75
希腊陆龟	超过116	非洲灰鹦	49
长须鲸	116	印度犀牛	49
深海蛤蜊	大约100	欧洲棕熊	47
虎 鲸	大约90	灰海豹	超过46
欧洲鳗	88	蓝 鲸	45
湖 姆	82	金 鱼	41
河 蚌	70～80	大蟾蜍	40
亚洲象	78	线 虫	39
南美兀鹫	超过72	长颈鹿	36.25
鲸 鲨	大约70	双峰驼	超过35
非洲象	大约70	巴西貘	35
雕 鸮	超过68	家 猫	34
短吻鳄	66	金丝雀	34
蓝色金刚鹦鹉	64	美洲野牛	33
鸵 鸟	62.5	山 猫	32.3
马	62	抹香鲸	超过32
猩 猩	59	美洲海牛	30
短尾雕	55	红袋鼠	大约30
河 马	54.5	非洲水牛	29.5

（续表）

动 物 种 类	最长生命周期（y）	动 物 种 类	最长生命周期（y）
家　狗	29.5	天竺鼠	14.8
狮　子	29	刺　猬	14
非洲麝猫	28	圆头倭狨猱	12
原　蛛	28	水　豚	12
马　鹿	26.75	南美栗鼠	11.3
老　虎	26.25	秘鲁巨人蜈蚣	10
大熊猫	26	金黄地鼠	10
美洲獾	26	环节蠕虫	10
塔斯马尼亚袋熊	26	囊网蜘蛛	超过9
宽吻海豚	25	埃及大沙鼠	超过8
家养鸡	25	多刺海星	超过7
灰松鼠	23.5	千足虫	7
非洲食蚁兽	23	河狸鼠	超过6
家养鸭	23	家　鼠	6
郊　狼	超过21	马达加斯加棕尾檬	4.75
加拿大水獭	21	蔗　鼠	4.3
家　羊	20.75	西伯利亚鼯鼠	3.75
蚁　后	超过18	章　鱼	2～3
家　兔	超过18	小臭鼩	2
白　鲸	17.25	齿囊鼠	1.6
鸭嘴兽	17	君主斑蝶	1.13
海　象	16.75	臭　虫	0.5
家　龟	16	黑寡妇蜘蛛	0.27
美洲海狸	超过15	普通家蝇	0.04
蜗　牛	15		

▶ **果蝇的寿命有多长？**

　　成年果蝇的寿命随着环境的改变有很大的不同。理想条件下，成年果蝇的

青蛙的生命周期

图中文字：

眼睛

喷水孔

外部鳃

嗅觉器官

一开始的七天，蝌蚪以水藻为食；皮肤褶皱生长出来后，外部鳃在左侧留下孔隙或喷水孔以供出水(11天)

孵化六天后会出现有外部鳃的蝌蚪，用吸盘贴附着沉水植物

尾芽

吸盘

四天里胚胎会出现尾芽和早期肌肉运动，依靠其保存在腹部的卵黄维持生存

每颗卵都会在3到12个小时内经历第一次卵裂，时间的长短取决于温度；后续卵裂将会更快发生

每颗卵有三层遇水会膨胀的胶质膜

后肢首先出现，然后前肢出现，外部鳃被肺取代(75天以上)

尾巴缩短了，90天后完全变态；有了功能性的肺；一到两年内为幼年青蛙

三年后是性成熟的青蛙

雄性青蛙紧抱着雌性青蛙，刺激雌性产出500到5 000枚卵，在大约十分钟的时间内，雄性排出精子使卵受精

寿命长达40天；而在较拥挤的条件下，它们只能活上12天；在一般实验室条件下，6～7天是它们的正常寿命。

▶ 雄性龙虾和雌性龙虾的区别是什么？

雌雄龙虾的区别仅仅在它们的背部。雄性龙虾在甲壳旁边(坚硬的壳)有两个游水足(用来游泳的叉状附器)，游水足是坚硬、锋利而且多骨的；而雌性的则相对柔软得多。另一方面，雌性在第三对腿之间还有个类似楔形防护物的容器,它是用来存放其交配时雄性排放的精子,以便日后的受精。

▶ **什么是美人鱼袋?**

美人鱼袋是一种可在角鲨、鳐科、虹鱼分泌到环境中的卵子中找到的保护性外壳。这种矩形的外壳十分坚韧,而且被从各个方向延伸出的卷须所覆盖。这些卷须可以将胚胎黏附在海藻或是岩石上,这样,它就可以在胚胎孵化的6～9个月间保护胚胎。空的卵囊经常会被冲到沙滩上去。

▶ **短吻鳄胚胎的性别是怎么决定的?**

短吻鳄的性别是由卵在孵化期间的温度决定的。32℃～34℃的较高温度就会形成雄性的短吻鳄,28℃～30℃的较低温度就会生成雌性短吻鳄,这种决定机制发生在卵的两个月孵化期间的第二至第三周;若不是在此期间,即使是再大的温度变化都不会使短吻鳄的性别发生改变。鸟巢顶部腐败物质所生成的热量将用来孵化鳄鱼蛋。

▶ **两栖动物中的哪种动物的卵孵化过程比较特殊?**

不像绝大多数蟾蜍以及青蛙,负子蟾会将卵放在它们背部皮肤特殊的口袋里,也就是说,每个卵都会在雌性皮肤那特殊的口袋里生长发育。此时,蝌蚪的尾部"插入"母体系统中,就像哺乳动物的胎盘,这样母子之间就能够交换营养物质和气体。蝌蚪长得非常快,而且会在这个特殊口袋里变态,一旦变态成为小青蛙,就会从这个口袋挣脱出来,成为一个独立的个体。

▶ **生殖中,体外卵有什么重要性?**

形成体外卵的物种通常会产生更多的受精卵,因为繁殖的成功并不需要雌性和雄性之间的交配,而且绝大多数体外形成的卵都有坚硬的外壳,来防止受精卵变干。

▶ 哪种鸟生的蛋最大? 哪种鸟生的蛋最小?

象鸟, 也叫隆鸟或是巨鸟, 是马达加斯加曾有的一种已经灭绝的、不会飞行的鸟类, 所下的蛋是迄今为止人类已知的最大的鸟蛋。这些蛋有些能长达 34 cm, 直径能达 24 cm。未灭绝的鸟中产下的最大的蛋是南非的鸵鸟, 它的蛋长度为 15 ~ 20.5 cm, 直径为 5 ~ 15 cm。最小的成熟的蛋, 由牙买加的小吸蜜蜂鸟所产, 其长度不到 1 cm。

通常鸟类体型越大, 其所下的蛋也就越大。如果与它们的体型相对照, 那么鸵鸟所产的蛋是最小的鸟蛋之一, 而小吸蜜蜂鸟所产的蛋是最大的鸟蛋之一。如果依据体型大小与所产蛋的大小之比来看, 新西兰的几维鸟的蛋是现存鸟类中最大的。不过实际上, 它们的蛋的重量只有 0.5 kg。

▶ 帝企鹅蛋的孵化有什么非同一般的地方?

每只雌帝企鹅都会生出一枚巨大的企鹅蛋。最初, 雌雄双方共同培育小企鹅蛋, 将蛋放在它们的脚上, 并用皮肤褶皱覆盖住。来回传递蛋数天后, 雌企鹅就会外出到北冰洋的海水中觅食。这时, 雄企鹅就会将蛋平稳地放在它们的脚上, 在群栖地来回行走, 不时地聚在一起取暖来抵御猛烈的暴风雪和寒冷的天气。若是偶尔有一枚蛋没有雄性看管, 另一只没有蛋的雄性就会接管收养那枚蛋。雌企鹅离开两个月后, 小企鹅就会孵化出来, 此时, 雄企鹅就会用自己反刍的乳状物质来哺育它。之后, 堆积了厚厚的脂肪的雌企鹅就会回来接管雏鸟, 并会用自己储存在嗉囊中的鱼来喂养小企鹅。然而一般雌性都不会回到之前配偶(和自己的孩子)那里, 而是在一只又一只拥有蛋的雄性企鹅之间游走, 直到有雄性企鹅允许雌企鹅来照顾它的小企鹅。之后, 雄企鹅就会去水域觅食, 来弥补它在孵化小企鹅期间失去的脂肪层。

▶ 哪些动物有育儿袋?

有袋类动物, 在解剖学上和生理生殖特征上都与其他哺乳动物不同。绝大多数雌性有袋类动物(如袋鼠、袋狸、袋熊、袋食蚁兽、考拉、负鼠、小袋鼠以及塔斯马尼亚的袋獾)都会在腹部有一个能装上它们孩子的育儿袋。然而, 有些小型有袋类动物并没有真正意义上的育儿袋, 而仅仅是乳腺周围皮肤的一层褶皱。

和其他体形类似的哺乳动物相比，有袋类动物的妊娠期较短，它们的幼崽在出生时还没有发育完全，因此这些有袋类动物就被视为"原始"或是低级哺乳动物。不过，科学家们却发现，这种繁殖方式相比于胎儿发育完全的胎生动物更具有优越性。因为这样，雌性在妊娠阶段就会消耗相对较少的资源，而相应在哺乳期投入更多；也就是说，一旦有袋类动物失去自己的孩子，会更容易再次怀孕。

▶ 哪些哺乳动物既生蛋又哺育它们的孩子？

鸭嘴兽，短吻针鼹或食蚁兽，长吻针鼹——分别是澳大利亚、塔斯马尼亚、新几内亚的本土动物，也是世界上仅有的三种既生蛋（非哺乳动物特征）又哺乳它们幼仔（哺乳动物特征）的动物。这些哺乳动物（单孔目）有点类似那些能生下坚硬壳类蛋的爬行动物（它们在母体外孵化出来，并被母亲哺育）。另外，它们在消化、生殖、排泄系统以及许多解剖学细节方面已和爬行动物极其相似（眼睛构造，某些头骨的存在，肩胛带、肋骨以及脊椎结构）。如果是这样，为什么它们会被分到哺乳类呢？原因也很简单，因为它们体表被毛，有四个腔的心脏，用乳液哺乳它们的幼崽，是温血动物，具有一些哺乳动物的骨骼特征。

骨 骼 系 统

▶ 骨骼系统的功能是什么？

骨骼系统有多种功能。它们能够为机体提供支持，使机体能够运动，并保护内部器官以及动物身体的柔软部分。

▶ 骨骼系统的三种主要类型分别是什么？

骨骼系统三种主要类型分别为铃静力骨架系统、外骨骼系统、内骨骼系统。铃静力骨架由处于压力下的液体组成，这种类型的骨架在水螅属动物、涡虫、蚯蚓和一些环节蠕虫等柔软、灵活的动物中最常见。水螅以及涡虫有充满液体的消化腔,蚯蚓则有充满液体的体腔。

　　许多水生动物以及陆生动物都有外骨骼,外骨骼十分坚硬。软体动物有碳酸钙组成的外骨骼,而且外骨骼会在其一生中和动物一起成长;在昆虫和节肢动物体内有由几丁质构成的外骨骼,这种几丁质是一种强韧的含氮多糖,它们能为机体提供绝好的保护,并且也能够允许动物进行运动,不随着动物的生长而生长。一旦这种动物成长超过了骨骼允许的程度,动物原来的外骨骼就会脱落,并用新的更大的骨骼来替代,这个过程也称为蜕皮。

　　内骨骼由骨骼和软骨组成,并且会随着动物的生长而生长。它们储存钙盐和血细胞,由在动物软组织里的坚硬或坚韧的支持元素组成。内骨骼大都存在于脊椎动物中,但在一些如海绵、海星、海胆或是棘皮动物等无脊椎动物的皮肤下也发现了坚硬的内骨骼。这种类型的骨骼系统比其他两种骨骼系统允许的运动范围更广泛一些。

▶ 几丁质的化学组成是什么?

　　几丁质,存在于昆虫以及节肢动物外骨骼中,由葡萄糖胺多聚糖组成,分子式为$C_{30}H_{50}O_{19}N_4$,分子量为770.42。这些物质的基本单元是由缩合反应将其连成一条长链,而且里面的氢键能将多条长链连到一起,这样就使几丁质更加强韧。物理性质上,几丁质是一种白色、无定形、半透明、不溶于水或酒精等普通溶剂的团块。

▶ 海龟的上壳和下壳分别叫什么?

　　海龟利用它的壳来保护自己,上壳称为背壳,下壳称为腹侧胸甲,其壳的部

　　　▸ 哪一种动物有一个完全由软骨构成的骨骼系统?

　　鲨鱼的内骨骼完全是由软骨组成的。

分就是盾板,并且背壳和腹侧胸甲在海龟体侧会结合在一起。

▶ 一只蚂蚁能负重多少?

相较于自己的个头而言,蚂蚁拥有神奇的力量。绝大多数蚂蚁能搬运重达其体重10~20倍的物体,当然有些蚂蚁还能搬运50倍左右。这些蚂蚁能将物体搬运很远的距离,并且还能带着这些物体爬树;这就相当于一个45 kg的人背着辆小汽车,走十几千米,然后再爬上很高的山。

▶ 长颈鹿脖子上有多少块椎骨?

长颈鹿的颈部有七块椎骨,和其他哺乳动物一样,不过相较于其他动物而言,椎骨被大大拉长了。

运　　动

▶ 动物运动需要克服哪些困难?

和其他生物相比,动物是可以运动的,它们的运动必须克服重力和摩擦力的影响。水生动物因受到水的浮力,其运动受重力阻碍较小;但也正是由于水的密集性,它们运动会受到较大的阻力(摩擦力),所以许多水生动物都有光滑的表面。陆生动物相比于水生动物则会受到更小的阻力(摩擦力),但是它们的运动需克服更大的重力。

▶ 哪些动物能比人类跑得快?

猎豹,跑得最快的哺乳动物,能在两秒内从0加速到64 km/h,而且它们能在短距离内以112 km/h的速度奔跑。追逐猎物的情况下,猎豹的平均速度为63 km/h。人类在短距离内最快能跑45 km/h。

表4.12　跑400 m时各种动物奔跑的最快速度

动物种类	最快速度（km/h）	动物种类	最快速度（km/h）
猎　豹	112.6	蒙古野驴	64.4
叉角羚	98.1	灰　狗	63.3
角　马	80.5	惠比特犬	57.1
狮　子	80.5	家　兔	56.3
汤普森瞪羚	80.5	北美黑尾鹿	56.3
夸特马	76.4	豺	56.3
麋　鹿	72.4	驯　鹿	51.3
非洲猎犬	72.4	长颈鹿	51.3
丛林狼	69.2	白尾鹿	48.3
灰　狐	67.6	疣　猪	48.3
鬣　狗	64.4	灰　熊	48.3
斑　马	64.4	家　猫	48.3

▶ **跳蚤能跳多远？**

　　跳蚤的弹跳力量一方面来自强壮的腿部肌肉，另一方面来自橡胶样蛋白质——节肢弹性蛋白，它们分布在跳蚤后腿的上部。跳跃时，跳蚤首先蹲伏着，从而挤压节肢弹性蛋白，放松某些肌肉，最后节肢弹性蛋白中贮存的能量释放，就像弹簧一样使跳蚤弹起。跳蚤既能水平跳跃也能垂直跳跃，有些物种的跳蚤

‧‧‧‧‧‧‧‧‧‧‧‧‧‧‧‧‧‧‧‧‧‧‧‧‧‧‧‧‧‧‧
▸ **鳄鱼在陆地上能跑多快？**

•••

　　小鳄鱼在陆地奔跑时可以跳跃，速度可达3～17 km/h。

甚至能跳过其身长150倍的距离。若是人类也有这种能力，他们纵身一跳就能水平跃过2.25个足球场，或是垂直跳过100层的建筑物。普通跳蚤水平跳跃能达33 cm，垂直跳跃能达18.4 cm。

▶ **墨西哥跳豆为什么会动？**

豆蛾将其卵下在大戟（一种灌木）的花或种子荚里，这些卵在种子荚内孵化，然后长成幼虫或是毛虫。跳豆就是因为壳里毛虫的运动造成果实重量显著变化所形成的现象。跳豆现象是由阳光或是手掌心的热量来激发的。

▶ **鱼的速度有多快？**

鱼的最快速度是由其身体形状、尾部以及内部温度决定的。周游世界的旗鱼被认为是游得最快的鱼类，它的短途泳速能超过95 km/h。不过一些美国渔民却认为世界上游得最快的是蓝鳍金枪鱼，迄今为止，人们所记录的这种鱼的最快速度为69.8 km/h。资料其实也不尽相同，因为测量实际速度本身就很困难。黄鳍金枪鱼和刺鲅鱼的速度也很快，在开始10～20 s的冲刺中，各自速度分别能达到74.5 km/h和77 km/h；还有，飞鱼的速度能达到64 km/h以上，海豚能达到60 km/h，鳟鱼为24 km/h，鲇鱼为8 km/h，而人类的泳速则为8.3 km/h。

▶ **陆地上速度最快的蛇是哪种？**

黑曼巴是非洲致命毒蛇，能长到4 m，记录显示它们最快速度为11 km/h，极具攻击性。它以极快的速度追击猎物时甚至能使身体腾空。

▶ **所有鸟都能飞吗？**

当然不是。在不能飞的鸟中，要数企鹅以及走禽类比较出名。走禽类包括鸸鹋、几维鸟、鸵鸟、美洲鸵以及食火鸡。它们之所以被称为走禽类，是因为它们的胸骨上缺少龙骨，这些鸟虽有翅膀，但在几百万年前它们就已经失去了飞翔的能力。并且,许多这样的鸟类都生活在海洋中间的孤岛上,缺少天敌,故很少使用翅膀。

表4.13 某些鸟类及其飞行速度

品　　种	飞行速度(km/h)
游　隼	270.3～349.1
褐雨燕	169.9
秋沙鸭	104.6
金　鸻	80.5～112.6
野　鸭	65.3
信天翁	54.1
小嘴乌鸦	50.4
银　鸥	35.9～39.6
麻　雀	28.8～50.4
丘　鹬	8

▶ **蜂鸟能飞多快? 它们能迁徙的路线有多长?**

　　蜂鸟能以114 km/h的速度飞行,并且其体型小的品种能以50～80/s频率拍打它们的翅膀,若是在求爱时,拍打翅膀的频率还会更高。

　　迄今为止有记录的蜂鸟最长的迁徙飞行线路要数棕煌蜂鸟,它们从美国亚利桑那州的拉姆齐峡谷飞到华盛顿的圣海伦火山附近,距离为2 277 km。人们通过给鸟足套上环识,证实有些棕煌蜂鸟能沿着超级大盆地高速公路飞行17 699～18 503 km,但一圈需要一年左右的时间才能完成。对蜂鸟迁徙的研究很难完成,因为系环识的棕煌蜂鸟很难被找回来。

▶ **蜂鸟翅膀的拍打速度有多快?**

　　蜂鸟是唯一能于静止空气中盘旋任意时间的鸟类。它们这种能力是为了可以悬停在一朵花前,以便其将细长、锋利的喙插入花深处,饮用花蜜。它们薄薄的翅膀并非机翼般的形状；因为若是这样，它们在空中就不能自由升降了。实际上，它们似桨的翅膀，会像手在空中绕着肩一样旋转。以这种方式拍打翅膀，就会造成翅膀末梢画出的轨迹都呈侧躺的数字"8"形，从而在空中能自由地升降。翅膀向下挥动的时候，划出"8"的上半部分，产生升力。在蜂鸟翅膀开始抬起往回滑动的时候，它们的翅膀会旋转180度，这样也就获得了向下的推力，但此种飞行方式也存在很大的局限性。蜂鸟的翅膀越小，它们就得以越快的速度拍打翅膀，以便获得足够向下的推力。举些实际的例子，若蜂鸟翅膀的大小为中等水平，那它们就必须每秒25次地拍打翅膀，才能保证其不坠落；还有翅膀更小的蜂鸟，它们是古巴的吸蜜蜂鸟，由于其翅膀仅长5 cm，因此同样的情况，它们必须以每秒200次的速度拍打翅膀。这一点是十分神奇的。

▶ 有哺乳动物能飞吗？

除去将哺乳动物的滑行（如，滑行的松鼠或是滑行的狐猴）等同于飞这一点，蝙蝠（翼手目，约有986种）是唯一真正能飞的哺乳动物。蝙蝠的翅膀由从身体两侧延伸至后腿以及尾部的双层皮肤膜组成，因此其翅膀实际是背部以及腹部皮肤的延伸。翼膜由前肢（或手臂）细长的手指来给予支撑。

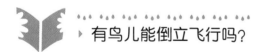 有鸟儿能倒立飞行吗？

蜂鸟是唯一能倒立飞行的鸟。它们能做到这一点，是因为它们有倾斜的翅膀结构，但它们也只能在很短的时间内这样做。若是想把喙从花的管道结构中抽出，它们还能以后退的形式飞行。

五
动物的行为

简介及历史背景

▶ 行为的定义是什么？

广义上来说，行为涵盖了各种各样的运动和对环境变化的反应。换句话说，行为是用来描述动物做什么的术语。

▶ 谁是研究动物行为的第一人？

亚里士多德写下了十卷《动物志》。罗马博物学家老普林尼（23—79）也在他的《自然史》中记录了其对生物的广泛观察。在近代，查尔斯·达尔文在日记中记录了加拉帕戈斯群岛上海鬣蜥的行为。达尔文还在其《人类与动物的情感表达》（1872年）一书中，介绍了自然选择是如何支持那些为了生存形成的特化行为模式的。然而，直至1953年尼克·廷伯根（1907—1988）在《银鸥的世界》中记录了其关于海鸥和海鸥乞食技巧的研究，动物行为学这一研究动物行为的科学领域才被确立起来。

▶ 什么是动物行为学？

动物行为学出现于20世纪30年代中期的欧洲，最初被当作

▸ 术语"动物行为学"首次被使用是在什么时候？

"动物行为学"这一术语是由动物学家若弗鲁瓦·圣-希莱尔（Saint-Hilaire, 1805—1861）基于法语单词éthologie创造出来的，并由美国昆虫学家威廉·莫顿·惠勒（William Morton Wheeler, 1865—1937）于1902年首次在英语里使用。

生物学一个分支学科。动物行为学与传统生物学研究的不同之处在于，它将科学原理应用于对动物行为的研究，要求研究人员将野外观察与实验室实验相结合。在欧洲，动物行为学的实验环境要尽可能地与自然界保持一致，在那里这一研究领域得到了发展并率先被认可为一门科学。

▶ 尼克·廷伯根简介

尼克·廷伯根、康拉德·洛伦兹（Konrad Lorenz, 1903—1989）和卡尔·冯·弗里希（Karl von Frisch, 1886—1982）三人奠定了动物行为学研究的四大基石：因果关系、发育、进化和行为功能。廷伯根的早期研究是关于成年雄性三刺鱼（*Gasterosteus aculeatus*）的攻击性表现。廷伯根发现雄性三刺鱼会对三刺鱼模型有攻击性回应。

自童年起廷伯根就对他家后院池塘中三刺鱼的交配和筑

尼克·廷伯根对三刺鱼的先天行为做了许多重要研究

巢行为进行研究,开始了他的动物行为研究生涯。后来,他进入莱顿大学,以穴蜂为研究对象作为自己论文主题。不过,他的论文只有短短的36页,差点就没有通过。1936年,廷伯根在一次学术研讨会上结识了洛伦兹,两人成为终身的好友和同事。在第二次世界大战中,廷伯根被关进了德国的人质集中营,而洛伦兹被关进了苏联军营。战后他们重聚,并再次开始了对动物行为的研究。

▶ 康拉德·洛伦兹简介

康拉德·洛伦兹因其在鸟类行为学领域的研究工作而著称,尤其是关于印记的研究。洛伦兹饲养刚刚孵化出的小鹅,可以做到使小鹅追随着他而不是它们的妈妈。这项研究引出这样一个理论,即小鹅的基因决定它们在生命早期的关键阶段会效仿周围任一大型生物的某种行为。在他的一些著作中,他将比较法应用在行为学和感知心理学的研究中。

▶ 谁是因动物行为研究而获得诺贝尔奖的第一人?

尽管诺贝尔奖没有专门设立动物行为研究方面的奖项,但1973年的诺贝尔生理学或医学奖授予了康拉德·洛伦兹、卡尔·冯·弗里希和尼克·廷伯根三位科学家,以表彰他们在动物行为学领域的科学研究。这三位动物行为学家分别以自己的主要研究方向著称:洛伦兹研究禽类的印记行为;冯·弗里希研究蜜蜂的"舞蹈";廷伯根研究三刺鱼的攻击性行为。

康拉德·洛伦兹是鸟类行为学领域的先驱。他关于印记的研究尤为出名

▶ 在动物行为研究领域，术语"环境"是指什么？

雅各布·冯·约克斯屈尔（Jacob von Uexkuell, 1864—1944）首次使用"环境"一词来指称动物通过感觉器官和神经系统能够感知的部分周遭世界。野生动物身上显示出"环境"的概念，而家养动物亦有相同的行为。例如，到访的陌生人想爱抚你的小狗，这一举动有可能被视作在狗的周围"环境"中的一种威胁。这一发现的实际意义是，在带着宠物面对新环境或陌生人时，你应当觉察到它的"环境"影响的存在。

▶ 什么是行为生态学？

行为生态学研究环境和动物行为之间的关系。区别于传统的实验室环境下对动物的研究，行为生态学强调行为的进化根源。乔治·C. 威廉斯（George C. Williams, 1926—2010）在其1966年出版的《适应与自然选择》一书中首次提出了行为如何影响进化适应性的问题。通过表明动物行为对驱动自然选择（和进化适应性）的环境因素有积极反应，研究人员得出结论：环境在决定自然条件下表现出哪些行为，具有关键性作用。

▶ 什么是拟人论？

拟人论是将人类的特征和情感归属于非人类。菲利斯·沙顿（Felix Salten, 1869—1945）于1923年创作的故事《小鹿斑比》（*Bambi*）就是一个例子。故事的灵感来自他在阿尔卑斯山脉度假时看到的野生动物。在故事最终被搬上迪士尼的银幕时，斑比变成了一只会说话的动物，完全具备与人类一样的情感和情绪。拟人论会掩盖动物行为的真正动机。

▶ 什么是社会生物学？

社会生物学是一门研究物种的社会组织的学科，有人视其为行为生态学的一门分支学科。社会生物学力图提取能够解释某些社会体系的演变的规则。

▶ 珍妮·古道尔简介

珍妮·古道尔（Jane Goodal, 1934—　）是一位灵长目动物行为学家，以其对坦桑尼亚黑猩猩的研究而闻名世界。她的职业生涯始于肯尼亚首都内罗毕，当时她担任路易斯·利基（Louis B. Leakey, 1903—1972）的秘书。经过40多年的研究，古道尔发现黑猩猩可以制造和使用工具（这一行为以前被认为是人类独有的）。她还能够区分出研究对象黑猩猩的个体性格。目前她在珍妮·古道尔研究所继续她的研究工作。

▶ 戴安·弗西简介

戴安·弗西（Dian Fossey, 1932—1985）原本是一名职业治疗师，受博物学家乔治·夏勒（George Schaller, 1933—　）的著作启发，她决定去研究濒临灭绝的非洲山地大猩猩。她接受了珍妮·古道尔的野外工作培训，开始观测和记录扎伊尔和卢旺达山地大猩猩的行为。最终她获得了剑桥大学的动物学博士学位，还在1983年发表了她的研究著作《迷雾中的大猩猩》。1985年，她被发现在卢旺达的小屋中遇害，她的死至今仍是一个谜。

▸ 谁是社会生物学之父？

爱德华·O. 威尔逊（Edward O. Wilson, 1929—　）在1975年出版的《社会生物学：新综合理论》一书中，阐述了支配各种动物的社会行为和组织的一般生物学原则。他发现蜜蜂、黄蜂等社会性昆虫有着复杂的等级制度，且有严格的规则决定谁负责繁殖，谁负责觅食，谁负责守卫领地。威尔逊在童年观察蚁群时便开始对动物的行为产生兴趣。他在生态学领域的著作颇丰，有二十多本专著，两次获得普利策奖，发现了数百个新物种。社会生物学在人类社会的应用，引发了关于高度社会化的动物群和人类社会是否拥有同样的驱动力的争议。

▶ **哪部电影取材于戴安·弗西的山地大猩猩研究工作?**

电影《迷雾中的大猩猩》上映于1988年,由女演员西格妮·韦弗扮演戴安·弗西。电影摄于卢旺达和肯尼亚,激起了人们拯救陷入困境的大猩猩的热情。

▶ **如何在野外研究动物的行为?**

动物行为的研究方法是构建习性谱,习性谱是指自然状态下观察到的动物行为的清单和描述。对行为的研究也可以通过在野外和实验室条件下使用操纵性调查方法。之后这些行为记录将被分类。为保证客观,所有观察者必须采用完全相同的方法记录动物的行为模式。最后,观察记录可被用来进行统计学分析。

▶ **如何对动物的行为进行分类?**

动物的行为可以按较大范围进行归类(如求偶、觅食等),或者按更具体的模式进行细分(如攻击、追捕、挑衅等)。

▶ **动物的能量收支是如何影响其行为的?**

每一种动物在一定时间内可消耗的能量是有限的。能量消耗是代谢率加上维持生命活动所需的能量。能量收支对动物的行为产生限制。例如,变温动物(即冷血动物)蜥蜴消耗的能量较少,因为它不用保持恒定的体温;同为变温动物的两栖动物类和爬行动物类则通过行为来控制体温。恒温动物(即温血动物),如鸟类和哺乳动物则需要更大的能量收支,其中大部分能量用来保持体内温度。因此,体型相近的恒温动物要比变温动物需要更多的能量,从而需要花费更多的时间来搜寻食物。其他影响能量需求的因素有年龄、性别、体型、饮食类型、活动水平、激素平衡和一天中的时间段等。

戴安·弗西对扎伊尔和卢旺达的山地大猩猩进行了重要研究

表5.1 日能量消耗

	日能量消耗（kJ/kg）		日能量消耗（kJ/kg）
鹿鼠	1 833	人	153
企鹅	975	蟒	23

学 习 行 为

▶ 原生动物有哪些行为？

　　原生动物会对其周围环境的变化做出反应，但是没有证据证明其有任何形式的学习能力。例如，草履虫能够转身寻找逃跑路径来避开强烈的化学或物理刺激。比如面对冷水这种负性刺激时，草履虫会游走，因为它们喜欢温暖的环境。

▶ 简单行为有哪些不同类别?

表5.2　简单行为的类别

类　别	描　述	示　例
运　动	在刺激下改变随意运动的速度	木虱:在干燥的环境中会不停地移动,在潮湿的环境中会停止移动
趋　性	接近或远离刺激	涡虫:负趋光性,远离光源
反　射	身体部位受到刺激产生运动	人类婴儿:将手指放在婴儿手掌中,婴儿会握紧手指
固定行为模式	在某种特定刺激下,做出一系列固定动作	灰雁:在特定的刺激下,会将白色的圆形物体(刺激物)滚回巢中

▶ 什么是固定行为模式?

固定行为模式(FAP)是一种遗传的先天性行为,与个体的后天学习无关。它由受某种外部信号(信号刺激)而产生的一系列固定行为组成。一种记录详尽的固定行为模式,是雄性三刺鱼对攻击性刺激的反应。当一条雄性三刺鱼遇到一条有着标志性红色腹部的雄性三刺鱼模型时,会做出一系列标准的威胁性和攻击性行为。

▶ 人类是唯一可以思考的动物吗?

要想回答这个问题,我们必须先界定思考的含义。思考可以按不同的方式来定义:它是指哲理性的沉思还是对于自然界的认知过程? 由于我们还在试图将动物的交流转换成我们人类的语言,所以想拿出动物的思考是哲理性思考过程的确切证据还很困难。动物行为学家目前的研究表明,那些有着多样化社会生活的动物们(比如黑猩猩),对于这个世界的认知方式和我们人类是相似的。然而,既然动物语言不同于人类语言,我们也就无法知晓动物们的想法。

▶ 如何研究动物的思维过程?

要想弄清楚动物是怎么思考的,需要在动物进行某项认知活动时对其进行脑部扫描。然后再将得到的数据与人类的相对比。尽管功能性核磁共振成像技术在人类中的应用已经很普遍,但此项技术还是很少用于其他动物。

▶ 动物能辨别不同的语言吗?

科学家们对人类新生儿和棉顶狨猴的语言识别能力进行了比较。给每组实验对象20个日语句子和20个荷兰语句子。婴儿的反应按照它们对安抚奶嘴的吮吸来判定;婴儿在刚开始听到荷兰语的时候,会很快地吮吸奶嘴,但过一会儿就对荷兰语开始厌倦,减缓了吮吸的速度。然而在听到日语的时候,婴儿加快了吮吸的频率,表现出不断增加的兴趣。棉顶狨猴的语言识别能力通过它们的脸是朝向还是避开扬声器来判别。狨猴的反应和婴儿的反应相似:在播放荷兰语的时候它们看着扬声器,但感到厌烦了就会移开目光,而当播放日语的时候它们又回过头来看着扬声器。实验结果表明猴子和人类对语言的识别能力有相同的敏感性。

▶ 除了人类,还有哪些脊椎动物是比较聪明的?

动物行为学家爱德华·O.威尔逊认为以下10种动物是比较聪明的:1)黑猩猩(两种);2)大猩猩;3)猩猩;4)狒狒(七种,包括黑脸山魈和山魈);5)长臂猿(七种);6)猴子(许多种,尤其是猕猴、赤猴和西里伯斯黑猴);7)小型齿鲸(几种,尤其是虎鲸);8)海豚(80种左右中的大多数);9)大象(两种);10)猪。

▶ 在无脊椎动物中,哪些是最聪明的?

大部分专家都认为头足类动物——章鱼、鱿鱼和鹦鹉螺——是最聪明的无脊椎动物。这些动物能够在刺激之间建立关联,而且已经被用作研究动物学习和记忆的样本。章鱼经过训练可以完成很多任务,包括区分物体和打开罐子获取食物。

▶ 谁是伊万·巴甫洛夫?

伊万·巴甫洛夫(Ivan Pavlov, 1849—1936)是一位苏联生理学家。他做了

巴甫洛夫条件反射是怎么对人起作用的？

巴甫洛夫条件反射每天都在人们身上发挥作用。广告宣传就是精心设计的条件反射范例，因为它可以将无关的刺激（比如一个美女）与期望行为（买啤酒或者香烟）关联到一起。

著名的试验，证明狗在一定的刺激下会表现出特定的行为。在该项研究中，巴甫洛夫对试验的狗做了一个小手术，以便测量它的唾液分泌量。先不让狗进食，然后在摇铃的时候喂它肉粉。肉粉让饥饿的狗分泌出唾液，这是一种无条件反射。但是，经过几次试验，狗就能在听到铃声但没有肉粉的情况下分泌唾液。这就是条件反射，或者叫作经典巴甫洛夫条件反射。尽管巴甫洛夫没有太多考虑当时还处于萌芽状态的心理学因素，但是他的条件反射理论依然具有深远的意义，从小学教育到成人培训项目都深受其影响。由于他在消化生理学方面的研究，巴甫洛夫在1904年被授予诺贝尔生理学或医学奖。

什么是认知？

认知是学习的最高形式，由感觉器官所获取信息的感知、储存和处理组成。

动物为什么玩耍？

很多动物（尤其是哺乳动物和一些鸟类）在不同的生长阶段都会被观察到存在玩耍行为。尽管这种玩耍看上去比较随意，动物行为学家还是将其划分为三种模式：1）社交性的，为了同其他动物建立关系；2）运动性的，为了强健肌肉；3）对某个物体的探究。所有的这三种玩耍，都体现在很多动物幼年时期的格斗、追逐和翻筋斗等活动中。很多动物幼崽的玩耍，也许是为以后的成年活动做准备，比如狮子幼崽捕捉老鼠的游戏或许就是一种猎食练习。

▶ 哪些动物被做过玩耍行为研究?

科学家们对郊狼、狼和狗进行了广泛的研究,以比较它们的玩耍行为模式。狗(特别是比格犬)和狼在玩耍时都没有表现出好斗行为。而郊狼在可比较的发展阶段内,具有较多的好斗行为。通常在幼年时期,郊狼就会通过打斗来确定在狼群中的支配地位。

▶ B.F.斯金纳与操作性条件反射有什么关系?

B. F.斯金纳(B. F. Skinner, 1904—1990)是一名美国心理学家,对动物进行了大量的试验和试错学习研究(后来被称为操作性条件反射)。斯金纳的试验是这样设置的:把一只动物放进一个笼子(被称为斯金纳箱),笼子里设置一个杠杆或踏板,当动物压到杠杆或者踏板的时候就会得到食物。一旦动物做出了这个动作并得到了"报酬",它就会不断地去压杠杆或者踏板,并且理解了这个动作和食物之间的关联。通过只在动物完成某个任务的时候给予食物的方式,试验人员就可以训练试验对象完成更复杂的动作。人们可以利用操作条件反射来训练动物完成一些动作,比如让鸽子用喙来打乒乓球。

▶ 依据对动物的研究能预测人类行为吗?

乔治·罗曼斯(George Romanes, 1848—1894)是最早研究比较才智心理学的科学家之一。他认为研究动物行为能帮助我们了解人类行为。但是他的理论仅仅是基于推论,而不是对可比较行为的直接观察。

▶ 谁是研究动物情感的第一人?

1872年,查尔斯·达尔文出版了《人类与动物的情感表达》一书。在这本书中,他提出了这样的问题:狗为什么摇尾巴? 猫为什么会发出呼噜声?

▶ 动物有哪些情绪？

很多养宠物的人都说，他们能知道自己的宠物什么时候高兴或什么时候不高兴，而现在已经有证据能证明动物们确实会表现出情绪来。研究人员发现这些情绪的释放伴随着大脑的一些可测量的生物化学变化。科学家们对处于特定情绪状态（比如愤怒、恐惧、欲望）中的人所出现的生理变化进行了检测，同时他们也发现某些动物同样会出现这些变化。一项对非洲狒狒群中压力的研究发现，狒狒群中的社交行为、个性和等级能影响应激激素的水平。越来越多的证据表明鸟类、爬行动物和鱼类也会表现出某些情绪。

尽管有人对动物有情绪的观点提出了疑问，但动物行为学者们一致认为很多生物都会经历恐惧，而且这在很大程度上是出于本能，实际上恐惧是早已经预置进大脑里的。一些田野观察中记录到了与高兴、玩耍、悲伤和沮丧相关的一些表情。珍妮·古道尔在观察了一只幼年黑猩猩在其母亲死后的表现之后认为，这只幼年黑猩猩是在母亲去世后，因悲伤和孤独死去。然而即便是有此类的证据，我们还是不可能真正了解其他生物体的感受。

▶ 冠蓝鸦、帝王蝶和马利筋三者之间有什么关系？

在帝王蝶的生命周期中，雌蝶会特意将卵产在马利筋属植物的植株上。几天之后，每只卵里就会孵化出黄黑白三色条纹相间的毛毛虫。这些毛毛虫完全靠马利筋存活。尽管马利筋对其他动物而言有毒（含强心苷），然而对帝王蝶却是无害的。那些白天大部分时间都用来觅食的冠蓝鸦，会吃掉一些昆虫作为它们素食的补充，它们经常会捕食成年帝王蝶。如果食物难吃的话，冠蓝鸦就会将食物吐出来，并且学会以后不再捕食这样的食物。因此，含有很高浓度强心苷的野生帝王蝶就很少会被鸟类捕食。这是自然界中操作性条件反射的例子。

▶ 什么是习惯化？

习惯化是指当刺激重复发生但没有强化时，个体对刺激的反应逐渐减弱的表现。习惯化对自然界中的动物来说非常重要。举个例子，雏鸭会在头顶上空出现阴影（有可能是捕食者）的时候逃跑寻找庇护所。但是逐渐地，雏鸭就会学会辨别哪些影子是危险的，而哪些是无害的。

▶ 鸣禽是怎么学会唱歌的？

通过对很多鸟类的研究分析，动物行为学家们发现有两种主要的鸣叫类型：1）模仿其他鸟尤其是同类成年鸟的鸣叫声；2）创造或者即兴创作出独特的鸣叫声。对雄性北美歌雀的观察表明，雄雀，尤其是在它们孵出的第一个月里，每次到达新的栖息地后，都会记住附近雄性鸟的鸣叫声。

▶ 鸟类什么时候开始学习鸣唱？

雄鸟通常是在它们孵化后的第十天到第五十天的关键时期学习鸣唱。某些鸟类，比如鹩鹩，其学习鸣叫的时间受光照期（日照时间）和同其他成年鸟的社交互动等因素的影响。

▶ 大猩猩捶打胸部是想表达什么？

大猩猩的捶胸行为是其攻击行为的一种表现。这种行为通常出现在雄性银背大猩猩对其他无群属关系银背大猩猩示威时。而捶胸加上大叫，也可以用来吸引雌性。

▶ 人们对哪些最原始动物的行为进行了研究？

海绵是动物行为研究中最原始的研究对象。研究发现，自然环境中的海绵

▶ 哪只著名的大猩猩拥有自己的网站？

作为大猩猩基金会的一分子，大猩猩可可（Koko）有自己的网站：http://www.koko.org/。她会画画，而且还和著名影星罗宾·威廉姆斯（Robin Williams）一起拍了一段视频。

会避开同竞争对手的身体接触,远离没有充足食物的地方或者那些由于水流而带来过多淤泥的地方。

▶ 动物能向其他动物学习吗?

是的,动物们有向其他动物学习的能力。研究人员在观察日本猕猴的时候做了一个试验:将喂给猴子的土豆片放在一个岛的海滩上,这样猕猴们每天都要花时间仔细去除土豆片上的沙子。有一天一只年轻的雌猴将她的土豆片放到海水里用海水把沙子冲掉了。很快,她的妈妈就效仿了她的行为,接着是其他的雌猴,最终整个猴群都学会了这一技巧。

▶ 第一个学会使用手语的灵长类动物是谁?

尽管我们早就知道灵长类在自然环境中会用很多方法交流,但是早期(从1900年到20世纪30年代)教授灵长类动物使用简单词汇的尝试却以失败告终。一篇1925年的科学研究论文认为在同灵长类的交流中,可以使用手语替代口头语言。在20世纪60年代,研究人员尝试着教给黑猩猩和大猩猩一种改良型的手语。他们先后教了黑猩猩华秀(Washoe)、大猩猩迈克尔(Michael,现已故)和可可。华秀学了100多个手语词汇,而可可学会了1 000多个手语词汇并且能听懂大概2 000个英语口语单词。

▶ 谁是第一个认为猿类是可以使用语言的人?

塞缪尔·佩皮斯(Samuel Pepys,1633—1703),著名的《佩皮斯日记》的作者,曾记录过一只他称为"狒狒"的动物,并称它可以学会说话或者用手语。

▶ 如果灵长类动物不论在遗传基因方面还是在进化上都如此接近人类,那它们为什么不能说话?

科学家们一度认为猿类的智能还不足以让它们开口说话,但是现在他们的观点是猿类的声带并非为了说话而生的。经过多年的观察,我们知道猿类的确会使用声音交流,但是这种有声交流的形式通常是尖叫声或者咕噜声,并伴随着肢体动作。

▶ 遗传学和行为有什么关系?

一些动物行为学家认为所有的行为都是基因决定的。如果一个行为是由基因控制的,那么这个行为就是一系列的事件:信号刺激、释放机制和固定行为模式。然而主流的观点却认为,大部分或者所有的行为都是先天基因控制和后天环境学习相结合的结果。

▶ 什么是印记?

印记发生在动物学习对一个特定的动物或物体做出反应的时期,通常这种行为是动物幼仔在发育早期接触到刺激的时候所学会的。有两种印记行为:一种是幼仔印记父母(社会性依附);一种是求偶期间的印记。印记的一个最著名的例子就是康纳德·洛伦兹和他的小鹅了。刚孵出来的小鹅把洛伦兹当成了妈妈。洛伦兹走到哪里小鹅就跟到哪里。这就是典型的幼仔跟随父母的印记行为。

▶ 所有的动物都会有印记行为吗?

印记是动物行为上先天(遗传)与后天(环境)对动物行为相互影响的一个最好的例证。生物体出生的时候,就有一个物体(父母、配偶)的粗略轮廓,这个

历史上有没有关于印记的例子?

《玛丽有只小羊羔》这首童谣就是一个阐释印记的很好的例子:"玛丽有只小羊羔/啊,它有雪白的羊毛/不管玛丽到哪里/羊羔总要跟着她/一天玛丽到学校/羊羔跟在她身后/惹得同学哈哈笑/羊羔怎能进学校?"

轮廓是由它的遗传组成部分画出来的，然后又被它在后天环境中学到的经验进行填充。因此，尽管不是所有的物种都有符合印记的科学定义的行为，但很可能所有的动物都至少会表现出一些受先天和后天双重影响的行为。

▶ 动物们也交朋友吗？

动物也会与它们的同伴建立社会依附关系（也就是交朋友）。例如，在草原狒狒群中，雄性和雌性之间的亲密关系是它们社会的一个核心特征。像互相梳理毛发或者互帮互助的互惠主义行为，会使没有亲属关系的动物建立起一种持久的亲密关系。

行 为 生 态 学

▶ 动物们为什么要迁徙？

动物的迁徙有很多原因，这包括气候原因（一年中的某段时间天气太热或者太冷）、觅食困难（季节性）以及繁殖需要（有些动物需要一种特定的环境来产卵或者产仔）。通过迁徙，动物们可以获得其最佳生存环境。

▶ 燕子为什么要回到卡皮斯特拉诺？

大约每年的3月19日，会有成千上万只燕子到达加州的圣胡安·卡皮斯特拉诺，这是它们每年迁徙路途中的一段。而在10月23日左右，它们会再次启程，往南飞越9 656 km到达阿根廷的戈雅。因此，每年的3月19日和10月23日成为圣胡安市的节日。

▶ 信鸽是怎么找到回家的路的？

对于信鸽的归巢飞行，目前科学家们有两个假说，但是这两个假说都不足以说服所有的专家。第一个假说提出了"气味图"的理论。这一理论认为，雏鸽通过嗅到风中来自四面八方的不同气味回到它们的出发地，这些气味通过风从不同方向到达它们的家。举个例子，假如鸽子了解到某种气味是被风从东边吹过来的，那么如果这只鸽子被带到东边，这种气味就会告诉它往西飞就能回到家。而第二个假说认为，鸽子能通过地球的磁场获知家的经纬度。也许，将来我们会证实这两个理论都不能解释鸽子的超强导航能力，或者实际情况是这两种理论的一个结合。

▶ 哪种动物的迁徙路途最长？

从北美和欧亚大陆北端的北极地区到南极地区，北极燕鸥往返飞行的距离长达32 000 km！

▶ 动物们如何知道到了该迁徙的时候了？

尽管能刺激动物进行迁徙的诱因不止一个，但是年复一年最可靠的就是依据白天的长短变化，也叫作光周期来确定迁徙时间。尽管温度的变化也可能起了一定的作用，但是光周期仍然是迁徙启程的最好预报器。

▶ 秃鹫为什么会回到俄亥俄州的欣克利？

1818年12月，在欣克利经过一场大规模的狩猎之后，大部分动物的残骸都被埋在了雪里。第二年春天，冰雪融化，动物尸体所散发出的恶臭吸引了成群的秃鹫。从那开始，每年春天秃鹫都会来到这儿，想再吃一顿免费午餐。秃鹫正式回来的日期是3月15日，因此这一天在欣克利被称为"秃鹫星期日"。

▶ 动物们如何知道往何方迁徙?

很多物种都具有从一个地方到达另一个地方的导航能力。众所周知,鸟类能够依靠自身的导航能力飞越很长的距离。然而很多人都不知道蝙蝠、鲑鱼、蝗虫和青蛙也具有这种能力。动物们会利用自然界中的各种提示来确定自己的迁徙方向,例如太阳、月亮或者星星的位置。还有一些动物会通过地形特点、气象提示(例如盛行风)或者磁场来确定方向。

▶ 狒群中谁来决定行进的路程?

在草原狒狒群和狮尾狒狒群中,雌性构成狒狒群的稳定社会结构,而雄性狒狒则会在各个狒狒群之间来回转移。对狮尾狒狒群的观察表明,在每天的觅食之旅中,雌性决定狒狒群的行进方向。

▶ 鲑鱼是怎样到达产卵地的?

科学家们还不清楚,鲑鱼是怎么记得回到它们出生的溪流里的。这条从海洋到溪流的洄游之路可能会持续好几年,游上几百万米。但是科学家们一致认为,鲑鱼同信鸽一样,身体里天生存在罗盘或者叫作"搜索识别"机制,能不受天文信号或物理特征的影响而独立运行。有些科学家提出的理论认为,这种天生的罗盘利用的是洋流经过地球磁场时所产生的非常小的电压。而有些人则认为,鲑鱼的洄游机制可能是靠水中不同的盐度,或者是行程中遇到的某些特定气味所提供的线索来发挥作用的。

▶ 动物们会有利他行为吗?

利他行为是指会让接受者获得利益而使给予者付出一定代价的行为,比如冒着生命危险去救另一个同伴。有很多例子都能说明动物也会有利他行为。例如,成年乌鸦会给其他乌鸦做"保姆",不生育自己的后代,以提高群体的环境适应能力。再比如,地松鼠会警告其他同类捕食者的存在,尽管发出这样的叫声可能会让捕食者发现自己。在研究群居昆虫时,爱德华·O.威尔逊发现很多昆虫

近年来灵长类动物帮助人类的一个具体实例是什么?

1996年在布鲁克菲尔德动物园(伊利诺伊州的芝加哥),一个三岁的小男孩翻越栏杆爬到高约15.5 m的地方摔了下来,掉到了大猩猩笼子里并失去了知觉。一只名叫宾蒂华的八岁大西部低地大猩猩救了小男孩。它背着它十七个月大的宝宝,抱着失去知觉的小男孩,将他放在了人类能照看的地方。

种类中,有承担服务工作的成员,如工蜂或者工蚁,为了帮助养育它们的姊妹们,会完全放弃自己的生殖能力。对于这种行为有两种可能的解释:提供帮助的一方是希望接受方将来会对此做出回报(互惠的利他主义),或者仅仅就是因为接受方是其家族成员。在进化游戏中,获胜的总是那些能够留下最大数量含有它们基因的后代的物种。因此这种"亲缘选择"形式的利他行为可能也并不是无私的。

▶ 怎样预知一个动物会不会去帮助另一个动物?

通常情况下,动物互相帮助发生在同类之间,而且大部分是在有血缘关系的同类之间。关系越密切,越可能会产生互助行为。吸血蝙蝠分享鲜血的行为就证明了这一点。那些找到鲜血的蝙蝠在回到栖息地之后,会与那些没有进食的蝙蝠分享,而大部分的分享都是发生在近亲属之间(比如母亲和她的孩子之间);没有血缘关系却紧密相连的个体之间也会存在互惠的利他主义行为,一方提供帮助也可以得到对方的帮助作为回报。

▶ 所有的雌性动物都会照看后代吗?

尽管对大部分物种而言,照料后代的任务主要都是由雌性承担的,但是在某些物种(比如海马)中这项任务却是由雄性来承担的。爸爸的抚育任务有简单性的，比如说保护巢穴不受潜在捕食者的侵犯；也有持久性的，比如为刚出生的宝宝们提供食物和庇护。还有其他一些物种，比如孔雀鱼，父母双方都不照料后代。

▶ 什么是优势动物？

在两个动物试图同时获取同一资源（比如食物）时，其中一个总是赢家，那这个赢了的就被称为优势动物。进化论认为，承认对方的优势地位可以让动物避免实际的搏斗，因为即便是对胜利者而言，搏斗的代价也是昂贵的。

▶ 动物们如何知道群体中谁是老大？

一个群体中统治地位的确定可以是很公开的也可能是很隐秘的。这也许会牵扯到体能的挑战及某种固定形式的搏斗，或者依赖于肢体语言，比如狗摇尾巴方式的变化。有时动物们确定统治地位的方式太过微妙，使得人类很难通过直接观察发现。

▶ 成为阿尔法雄性，意味着什么？

在一个有很多成员的动物群体中，占据统治阶层最高地位的那个就被称为阿尔法雄性（或阿尔法雌性）。按照希腊字母顺序，低一级的就是贝塔个体。阿尔法首领控制着其他成员的行为，而且可能是唯一能够在群体中进行交配的。它也可能是决策者，如决定群体行进的方向、睡觉的地方等等。

▶ "啄序"是什么意思？

啄序（pecking order），也就是啄食顺序，指的是同类动物群体中的尊卑秩序。

▶ 动物会自杀吗？

目前还没有证据表明动物会自杀。严格依据达尔文的理论来说，这种行为对个体的健康没有任何好处。

▷ 动物会谋杀吗？

如果谋杀的定义是杀死同类的其他成员，那么有些物种确实会实施谋杀。这可能是争夺群体统治权而发生的争斗，或者是为了争夺食物及配偶等资源而发生的争斗。包括狮子和叶猴在内的动物们都存在杀婴行为，而这种行为通常发生在这个群体需要一个新的阿尔法首领的时候。科学家们推测，通过杀死群体中其他雄性的幼仔，新的阿尔法雄性可以更快地俘获这些幼仔的母亲们，从而确保其自身的繁殖成功概率。

▷ 大草原上的大象们是怎样找到彼此的？

众所周知，大象在生气或者被骚扰时会发出像号角一样的声音。而除此之外，它们还能利用超声波（超出人类听觉范围的声音）和次声波（低于人类听觉范围的声音）相互交流。研究人员指出大象能听到的超声波叫声的距离可超过4 km。相比之下，雄性大象的次声波叫声实际所覆盖的区域面积大概能达到30 km^2。

▷ 鲸鱼真的可以互相对话吗？

鲸鱼发出的低频声波可以使它们隔着很远的距离进行交流。最近的研究发现在长须鲸群中，只有雄鲸能发出这种声音。雄性长须鲸通过发出长长的低频声波，吸引雌鲸来到食物丰富的繁殖地，从而进行交配。而海洋中船只声呐信号的增多，会干扰雄鲸找到配偶，从而威胁到这个物种的生存。

▷ 动物们会互相利用吗？

在动物的交往中，只要一方获得了利益，而另一方在某种程度上遭受了损失，就可以视为一方利用了另外一方。捕食和寄生就是这种行为的常见例子。

▶ 什么是寄生?

寄生是指两种生物一起生活,其中一方(寄生者)靠另一方(寄主或宿主)提供食宿来源。按照这个定义,寄主在这个关系中是受害者,而寄生者是受益者。寄生可以是身体上的寄生,比如动物内脏中发现的寄生虫;也可以是群居寄生,比如一些鸟类的孵育寄生或者巢寄生。在后一种情况中,巢寄生鸟类将卵产在寄主巢中,并骗过寄主让其帮助孵化并养育后代。

▶ 鸟儿为什么会成群结队?

"人多势众"这句古话对鸟群和其他群居动物而言绝对是适用的。动物们成群结队可以为幼仔提供庇护,并且以整个群体的形式对付捕食者会更有优势。大量猎物同时移动很容易迷惑捕食者,从而降低个体被捕获的可能性。

排成 V 字形飞行的大雁

▶ 为什么鸟类飞行的时候会组成编队？

一些鸟类，比如大雁和鹤，由于翼尖涡流现象，常常会以 V 字形飞行。V 形队列里的头鸟会"打破"阻碍鸟阵飞行的气墙，而头鸟飞行产生的空气涡流会帮助后面鸟儿的飞行并且减少体能消耗。头鸟的工作是很辛苦的，因此头鸟飞一段时间就会退后，由后面的鸟接替。V 形队伍还可以让大雁们彼此照看，并且方便在选择降落地点时（通过鸣叫）彼此沟通。

▶ 为什么鱼类会成群游动？

大约两万种鱼类里将近80%都是成群活动的。群体出动既可以增加安全又能提高效率。"鱼多势众"对鱼类来说就是躲避捕食者的一种方式，因为捕食者想要在一大群移动的鱼群中捕获一条鱼是很困难的。另外，鱼类成群游动能减少阻力（摩擦力），因而就能减少游动的能量耗费。而且，在产卵期，鱼群可以保证一部分卵躲开捕食者存活下来，形成另外一个鱼群。

▶ 鱼群中的鱼如何能做到游得那么近却不相互碰撞？

一个鱼群在行进时是一种平稳的运动；每条鱼会跟随其他鱼的运动做出回应。因此如果有一条鱼改变了方向，其他所有的鱼也会跟着改变方向。由于鱼类的眼睛位于头部两侧，它们能看到身体周围并借此来游动。听觉、侧线系统、视觉和嗅觉的复杂结合，使鱼类可以确定自己在鱼群中的位置和方向。

▶ 领域和巢域有什么不同？

领域是一个防御区。这个区域可能像雌性红翅黑鹂巢穴四周那点空间一样小，也可能像我们养的狗看护的后院那么大。而相比之下，巢域仅仅是动物活动所涉及的区域。巢域可能是同类动物成员共享的，也可能是不同物种成员共享的。

猫为什么喜欢蹭主人和家具？

猫蹭你的时候或许就是在把你标记为它领域里的一部分。通过蹭东西或人，猫会散布它的气味，而这种气味就是对任何潜在入侵者的一种警告。

▶ **拥有最大巢域的是哪种动物？**

成年北极熊的巢域可能会达到 50 000 km^2，相当于加拿大新斯科舍省那么大。每只北极熊的巢域范围会因为食物供给和冰层情况的不同而异。

▶ **动物们为什么会保卫自己的领域？**

动物保卫领域是为了保护它们的资产，比如食物、水或者配偶。动物们还会去保卫它们后代生活的地方，因为依据进化理论，后代是终极资产。

▶ **动物是怎样标记它们的领域的？**

动物们利用信息素来标记自己的领域。信息素是一种可以在空气中传播的化学物质。动物在标记领域的时候，通常是在一些显眼的物体上留一点自己的皮毛或羽毛，或者是用少量尿液的臭味来标记。

▶ **动物们为什么会假装受伤？**

鸟类观察家们都知道，雌性双领鸻会假装受伤。它们会在潜在捕食者靠近自己巢穴时，将翅膀拖着，看上去好像是受伤了并且很容易被捕获。然后雌鸟会慢慢地将捕食者从自己的巢穴引开，当捕食者在到达巢穴外的安全距离时，雌鸟会突然飞走。

▶ 负鼠会装死吗？

北美负鼠是美国南部和东部唯一的有袋动物。它们在受到威胁或者惊吓的时候，会一动不动地躺着，且四肢僵硬、目光凝滞，看上去像死了一样。感到威胁解除之后，负鼠就会恢复正常的夜间活动。

▶ 河豚为什么会鼓起来？

温暖海域中，有些动物能利用一种特殊的食道变化，使自己的身体膨胀，河豚就是其中的一种。膨胀后的河豚能达到其正常身体大小的两倍。河豚之类的鱼类，可以通过膨胀自己的身体对感知到的威胁做出反应。增大的身体和看上去不好吃的刺，会让捕食者不再想吃这个潜在的猎物。

▶ 眼镜蛇真的能催眠它们的猎物吗？

催眠成功的例子可能只是一种巧合，人们认为眼镜蛇很可能是利用半直立的姿势和身体的摆动来估计猎物离自己的距离有多远。非洲眼镜蛇并不会咬它们的目标，而是在1.9 m的距离外就喷射毒液。为此，它们需要瞄准。

▶ 是谁发现了蜜蜂的舞蹈？

卡尔·冯·弗里希（Karl von Frisch，1886—1982）和他的同事们在20世纪40年代对蜜蜂的舞蹈进行了研究。1967年，《蜜蜂的舞蹈语言与定向》一书出版，弗里希在此书中对蜜蜂的舞蹈做出了详细的说明。为便于观察蜂群，弗里希将蜂房的一面墙壁换成了玻璃。

▶ 蜜蜂的舞蹈有什么意义？

为什么在一只蜜蜂发现食物来源之后的短时间内，就会有一群蜜蜂聚集到一起来采花粉和花蜜呢？食物的位置信息就是通过舞蹈在蜂群中传播的。蜜蜂的这种符号语言，也叫摆尾舞，是所有非人类交流系统中最复杂的一种。卡

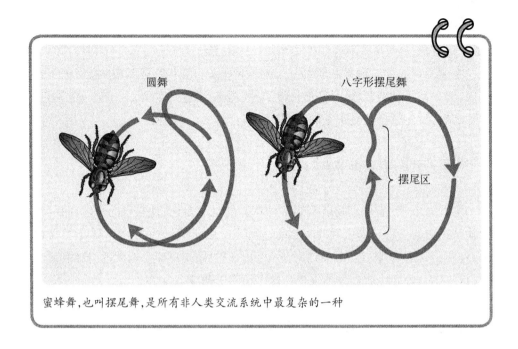

圆舞　　　　　　　　　　　　八字形摆尾舞

摆尾区

蜜蜂舞,也叫摆尾舞,是所有非人类交流系统中最复杂的一种

尔·冯·弗里希把食物按不同的距离和角度放置在蜂房周围。他发现当食物距离近的时候（20～200 m），觅食蜂就会跳圆舞，而当距离较远时，就会跳摆尾舞。在跳舞的同时，蜜蜂还会发出声音。舞蹈的特点（舞蹈时所占蜂巢的区域大小、每个舞蹈周期持续时间的长短以及声音的长短）会说明蜜源的距离和方向。

▶ 为什么有的动物外表颜色很鲜艳,而有的就很暗淡?

鲜艳的颜色通常有两种功能。有鲜艳颜色的动物，是试图通过颜色向它的同类成员或者其他物种做宣传。在同类之间，这种交流是以繁殖活动为中心。例如雄性红翅黑鹂就会用它那艳丽的红色"臂章"，来向其潜在的配偶和对手宣示它的领地所有权。而对斑胸草雀的一项试验表明，雌雀在选择配偶时更愿意选择那些腿上带红色而非其他颜色标记带的雄雀。不同物种间的颜色交流目的通常是威胁性的。有刺或者有毒的动物会用警戒色来对周围敌人的攻击发出警告。例如，像黄蜂和蜜蜂这种带刺的昆虫，会使用相似的黄黑相间的色带来表示它们带着武器。箭毒蛙（毒蛙科）也是如此。暗色或者伪装色（例如比目鱼身上的颜色）是另外一种策略。通过伪装色来进行隐藏，动物们就可能避免被捕食。

▶ 有哪些动物求偶行为的例子？

雄棘鱼在求偶时会以一种固定的方式游动。雄性园丁鸟会用植物搭建精致的凉亭来引诱雌鸟。雌性飞蛾释放出的信息素能吸引 1 km 外的雄蛾。雄性非洲象发出低频声波来寻找愿意接受交配的雌象。当然了，雄鸟和雄蛙也会用"歌声"来吸引雌性。

▶ 谁对苍蝇的行为做过大量研究？

文森特·德蒂尔（Vincent Dethier, 1914—1993）一生大部分的时间都在研究昆虫的化学反应。他写了很多文章和著作，有写给普通大众的，也有专门写给儿童的。《了解一只苍蝇》或许是他最出名的一本书，这本书被认为是昆虫学的经典著作之一。文森特·德蒂尔在书中描述了对苍蝇的生理学研究，尤其是化学反应的作用，详尽且有幽默感。他不仅是一位卓越的研究科学家，还能将科学家的研究普及给大众并且让人们对科学产生兴趣。

▶ 动物社会也有自己的文化吗？

文化可以被定义为由一代传递给下一代的一系列社会规范。父母或者照料

大象会画画吗？

答案是会。在泰国，由于禁止伐木这一法令的颁布，有 3 000 头失业的驯养大象挣扎在饥饿的边缘。有两个俄裔美国艺术家听说这些大象的困境之后，发起了一个亚洲象艺术保护项目。大象们会在几分钟时间内画出一幅幅现代印象主义的画作，而这些画作会立刻被游客们买走。大象们还被训练使用泰国传统的乐器表演，组建了一个著名的泰国大象乐队。

者会教给少年们融入社会所需要知道的知识。这一现象在一些动物群体比如非人灵长类动物、大象等物种中也有发现。大象家庭依靠雌性首领（最年长的雌性）的记忆和知识来应对社交提示。雌性首领控制象群行进的方向、进食的地方和时间长短；当有危险时，象群的成员会聚集到雌性首领的周围。也许最引人注目的就是成年大象对年幼大象无微不至的细心看护。大象母亲和女儿之间的亲密关系能持续长达五十年。

▶ 动物的表情如何反映它的行为？

只有灵长类动物的面部肌肉组织是真正富有表情的，但有许多物种也能用它们的外表来传达信息。例如，河豚膨胀它们的身体使自己看起来更具威慑力，狗和猫竖起毛发的时候也是出于同样的目的。猫、马和其他一些动物也用耳朵来传递它们的意图。当然，许多宠物主人已经学会通过狗摇尾巴的方式来判断狗的"情绪"。

▶ 动物们怎样表达交配意愿？

大多数雌性哺乳动物都有一个发情周期。在排卵期前后，这些雌性就会经历发情期，也就是一段愿意接受交配的时期。交配意愿可以各种方式表现，包括身体上和行为上的变化。雌性动物在发情期中，常见的身体变化就是外生殖器肿胀。雌性黑猩猩和其他灵长类动物就存在这一现象。雄性山魈通过色彩鲜艳的面部和红色的臀部来展示性成熟和统治力量。雄性大象达到性成熟时，会经历"发情期"，在这种状态下的典型表现就是从阴茎里渗漏出液体以及脸上会渗出"眼泪"。当然，雌雄双方也可能表现出行为的改变，例如积极地寻找异性。发情中的猫和狗会不遗余力地去和潜在配偶会面。

▶ 为什么有些动物只在晚上猎食？

在捕食者和猎物之间的竞赛中，一个物种的行为改变会促使另一物种做出适应这种变化的行为（也叫共同进化）。例如，许多啮齿动物的习性是在晚上活动，而它们的捕食者也因此具备了适应夜间工作的能力。猫头鹰和狐狸有特殊的适应性，使它们能在夜间捕食夜行性的啮齿动物（如鼹鼠、田鼠）。

▶ 动物会笑吗?

到目前为止,还没有发现能与人类笑容相比的动物笑的例子。然而,研究人员报道称,在某些情况下一些物种发出的特别声音可以被认为是近似于笑声的。在一个具体案例中,一名研究人员就已经确定了狗在玩耍时候所发出的特有声音。研究非人灵长类动物和老鼠行为的科学家也报告了类似的观察结果。

▶ 动物会哭吗?

哭作为一种悲痛情绪的表现只有人类才有。然而,许多动物,尤其是动物幼仔,会在悲痛时表现出声音和运动的变化。我们已经发现很多动物(不包括鳄鱼)都会流泪(泪腺反应),但眼泪对它们来说是用来保持眼睛的清洁和水分的,并不会表达情感。

▶ 什么是巢寄生?

从进化的角度来看,如果打破规则对你有利,那你就应该这样做,只要你不被抓住就行。科学家们已经发现很多物种都会利用其他物种的辛勤劳动来为自己服务,其中最著名的就是褐头牛鹂。牛鹂觅食时会跟随旷野上的大型哺乳动物群(如牛群),穿越开阔的原野寻找食物,啄食被动物蹄子所惊动而跑出来的昆虫。此外,在繁殖期,雌性牛鹂会飞到附近的树林里,在其他鸟的巢穴中产卵,然后让这些鸟来养育自己的后代。这种巢寄生被认为是导致某些物种(如东蓝鸲)数量减少的原因之一。还有其他几个物种也以这类行为而闻名,其中最著名的是布谷鸟,还因此产生了"巢里有只布谷鸟"这个俗语,来比喻别有企图或假借名义行事的人。

▶ 为什么有些动物只能生育几个后代?

雌性可供分配给后代生长和保护后代的能力是有限的,因此,它们为了成功繁殖,进化出了两种基本策略:1)生育很多体型较小的后代,而其中只有一部分能存活;2)只生育几个体型较大的后代,并且每个后代的成活率都比较高。

▶ **早成后代和晚成后代之间有哪些区别?**

"晚成雏"和"早成雏"是用来描述雏鸟孵化时成长快慢的术语。早成雏是指那些能够自行觅食且拥有起码反捕食防御能力的雏鸟。而那些像人类婴儿一样,长期需要亲代照料的雏鸟就是晚成雏。早成的非哺乳类物种包括小鸡和猎禽雏鸟等。晚成的非哺乳类物种包括鸣禽、啄木鸟、蜂鸟等。

▶ **什么是伪装行为?**

动物通过伪装能避免被捕食。装死就是伪装术的一种。除了负鼠,猪鼻蛇也会装死。乍看上去,用装死来抵御捕食可能会适得其反,但事实证明,一些食肉动物(例如青蛙和狼)并不会攻击一个静止的目标。

▶ **蜂后的作用是什么?**

一个蜂群是由一只蜂后、几只雄蜂和80 000多只雌性工蜂组成的。蜂后是蜂巢中唯一具有繁殖能力的雌蜂,而且蜂后一天之内产卵的数量可以多达1 000个。蜂后的唯一职责就是产卵,但是工蜂的工作却会随时间而变化。年轻工蜂的职责是照顾由卵孵化出来的蜜蜂幼虫,老一些的工蜂先是建造巢穴,然后负责觅食。那么雄蜂呢?它们的工作就是与蜂后交配。

▶ **什么是一雄多雌(一夫多妻)?**

一雄多雌是一种交配制度,即一个雄性对应多个雌性的一种雌雄伴侣关系。虽然乍看上去这可能对雌性不公平,但其实在一雄多雌系统中每个雌性通常都有一个伴侣,而只有最理想的雄性才能找到伴侣。

▶ **动物们怎么知道应该捕食哪种猎物?**

一旦动物发现了一个潜在的猎物,它就必须判断要不要吃掉这种猎物。在田野调查中,行为生态学家已经观察到,由于捕食要消耗能量,动物通常选择捕食那些能量回报率较高的猎物。实际上很少有动物会捕食所有它们能吃的食物。这就是所谓的最佳觅食策略。举个例子：生活在太平洋西北地区的乌鸦经常会找小蛤蜊，然后将它们在岩石上摔碎啄食蛤肉；然而，乌鸦并不会吃掉所有它遇到的小蛤蜊；它们只吃那些较大的，因为较大的所含能量更多。

▶ 蝙蝠是怎样捕食的？

蝙蝠捕食各种猎物。一些食虫类蝙蝠能用翅膀捕食猎物。吸血蝙蝠会寻找大型且动作缓慢的生物为食。以果实为食的蝙蝠则可以在整片森林里觅得成熟的水果。根据食物的类型不同，蝙蝠可能依赖于它们的视力和/或回声定位来寻找猎物。在利用回声定位时，蝙蝠发出的超声波会被它们周围的物体反射回来。蝙蝠用脸上和耳朵周围特殊的肉褶接收这些信号，并以此判断物体的方向和距离。

▶ 一个蚁群是怎么运转的？

蚂蚁是一种主要的群居昆虫，而且在数量上也是最庞大的。在任何时候，地球上至少有10^{15}（一千万亿）只蚂蚁活着！通常情况下，蚁群中包含很多社会阶层（一个阶层的蚂蚁有着共同的任务），比如工蚁或兵蚁，以及负责产卵的蚁后。例如，最大和最具攻击性的工蚁构成了兵蚁阶层，它们的职责就是保护蚁群免受危险入侵者的侵害。在蚁群中，雄蚁是单倍体的（只有一组染色体），而雌蚁是二倍体的（有两组染色体）。这导致蚁群成员之间具有密切关系，而这种密切关系又被认为是蚁群得以进化成社会组织的原因之一。

▶ 动物的生态位如何影响其行为？

生态位可以被定义为一个物种的自然历史，包括这个物种在哪里生活、以什么为食等等。这些限制反过来又会对动物的行为产生影响。例如，世界不同地区的沙漠蜥蜴都有非常相似的行为，即从清晨的湿润空气中获取水分：它们利用头上的突起或者脊作为冷凝点，然后调整身体使水珠滚向鼻口部，再用舌头舔掉。

▶ 章鱼会学习吗?

头足类动物(鱿鱼、章鱼)的智力在无脊椎动物中是独一无二的。例如,我们可以训练章鱼,使其将几何形状与惩罚(轻微电击)或奖励(食物)关联起来。这可以用来训练它们避开一种类型的食物并去吃另一种。研究表明,章鱼也会使用工具;灵活的爪子和吸盘使章鱼能操纵周围事物,构建一个简单的家。章鱼在确定好家的位置后,会通过移动小石头来使入口变得狭窄。

▶ 为什么白蚁会围绕墨汁圈行进?

白蚁的兵蚁和工蚁没有视觉,因此它们是靠信息素来导航的。有两种化合物已经被确认为属于白蚁信息素。似乎某些油墨的化学配方包含的化合物和这些自然产生的信号类似。

▶ 社会剥夺对动物有什么影响?

从20世纪50年代开始,哈里·哈洛(Harry Harlow,1905—1981)和他的同事们,对缺乏父母照顾的年幼猴子的社会性发展进行了研究。在一次经典的实验中,哈洛证明,母亲的抚育对于年幼恒河猴非常重要,相比用金属丝做的假妈妈,小猴子更喜欢有柔软怀抱的假妈妈,尽管前者里面装有一个奶瓶。根据这些没有亲代抚育的猴子的年龄和实验(完全隔离、与假母亲隔离等)持续的时间,这些猴子随后表现出了一系列的行为障碍:走路摇摇摆摆,母性行为缺乏,以及无法理解其他猴子发出的交流信号等。

▶ 迁徙动物的大脑中真的有磁晶体吗?

长期以来科学家们认为,鸟类可能拥有可以探测地球磁场从而确定方向的磁罗盘。在实验中,将磁铁绑在鸽子的头上,鸽子就会迷失方向。虽然在细菌和很多动物组织中都发现了存在磁性物质,但却没有证据说明这与磁感应有明显的联系。

▶ 为什么圆形动物的行为通常比较简单呢？

"圆形"动物的例子包括刺胞动物(如水螅、水母、珊瑚)和棘皮动物(如海星、海胆、海钱等)。辐射对称的动物的神经网络,通常只允许其做出非常简单的行为。圆形动物通常是固着的(即不移动的)。这与两侧对称的动物不同,两侧对称的动物有明显的头部和尾部,并由不同的面组成。两侧对称的动物通常朝一个特定的方向移动。

▶ 什么是生物钟？

生物钟控制生物节律;它与一个与外部(通常是环境)信号相联系的内部起搏器有关。触发动物生物钟的环境信号被称为"授时因子",德文名称是zeitgeber,意为"时间给予者"。授时因子包括光周期与暗周期、高潮期与低潮期、温度以及食物供应情况等。

▶ 生物节律如何与动物行为相联系？

生物节律是一种生物事件或功能,随着时间的推移以相同的顺序和特定的时间间隔不断重复。当动物的行为可以直接与某些以明显频率产生的环境特性相关联时,生物节律就显而易见了。生物钟控制动物的行为,比如迁移、交配、睡眠、冬眠或进食。

表5.3　生物节律的几个例子

周 期 类 型	生物体/行为
潮汐节律: 12.4小时	牡蛎(进食); 招潮蟹(交配/产卵)
昼夜节律: 24小时	果蝇(成年果蝇破茧而出); 鹿鼠(一般活动)
年度节律: 12个月	土拨鼠(冬眠); 知更鸟(迁徙/交配)
间歇节律: 几天到几年	狮子(由饥饿引发的进食); 闪光鱼(淡水鱼; 由洪水引发的繁殖)

▶ 动物们是如何认出彼此的？

我们知道,动物可以使用气味、颜色和声音来识别每个同伴,而且它们或许

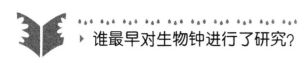

谁最早对生物钟进行了研究?

卡尔·冯·弗里希在研究欧洲鳉鱼时,发现这种鱼的皮肤在有光的时候颜色会变深,而光线比较暗的时候却会变浅。他发现这种颜色的变化不是对室内光线做出的反应,因为被遮盖起来的鳉鱼依旧会在一天里的特定时间产生同样的变化,这表明颜色变化之下存在着一种生物节律。事实上,颜色深浅的变化是由皮肤里色素细胞的变化引起的,而色素细胞受松果体控制。如果松果体(大脑的一个区域)损坏,鳉鱼就不能令皮肤的颜色变浅了。

还能识别个体的其他特质。最近一项对羊的智力的研究表明,那些被成群放牧的动物可能比我们原本认为的更聪明。向试验中的羊展示其他羊的照片,如果它们走到一个选定的照片面前就会得到奖励。慢慢地,这些羊就知道选哪张照片可以得到奖励了。最后的结果证实,羊选对照片的概率是80%,并且能够在两年的时间内记住50幅图片。

▶ 动物能使用工具吗?

工具可以被定义为动物用来完成某项特定任务的任何物体:黑猩猩会仔细选择能用做探针的细树枝,然后用细树枝把白蚁从巢穴中掏出来;海獭会用岩石打开蛤壳;鸟会将蛤蚌与岩石碰撞来打碎外壳;日本猕猴会用海水将食物上的沙子洗掉。

▶ 动物有哪些不同类型的攻击性行为?

动物可以通过声音(如咆哮、吠叫、吼叫)、外表变化(如改变颜色、膨胀身体)甚至气味来表现攻击性。它们可以改变它们的行动方式、栖息的地点,或者露出几颗牙齿。例如,雄性山魈打呵欠通常不是厌倦的表现,而是为了展示它们锋利的犬齿。

▶ 动物是怎样通过电场交流的?

鲨鱼和鳐鱼(所有的软骨鱼类)体内都具有特殊的能感应微弱电场的结构。这些结构被用于寻找猎物和确认方向,也可以帮助它们寻找配偶。

▶ 动物们如何通过气味交流?

很多动物都会用气味来标识它们的领土,而有一些会用气味来宣告物体的所有权。雄性亚洲麂鹿的脸上有可以用来标识它们配偶的气味腺。

▶ 什么是冬眠?

冬眠(英文为hibernation,来源于拉丁文的hiberna,意为"冬天")是指动物用来克服冬天寒冷环境的一段休眠期。冬眠期间动物会降低代谢率、心率、呼吸和其他功能(如排尿、消化速率等)。这些速率下降到很低,以至于动物的体温接近于周围的环境温度。小动物们在冬天必须找到一种方式来抵御代谢率增加导致的饥饿,因而相比大型动物更有可能冬眠。许多啮齿动物和蝙蝠以及澳大利亚的一些有袋动物会冬眠。蜂鸟和其他一些鸟类也会冬眠。至于熊,虽然它们在冬季不那么活跃,但它们并不会真正地冬眠。尽管也被称为"冬眠",然而这对它们来说那只不过是时间比较长的打盹而已。

▶ 动物园里的熊也会冬眠吗?

严格来说,熊是不冬眠的。在冬季,熊会找一个洞穴或空心原木作为庇护所,然后打个很长的盹来保存体能。这就是为什么打扰越冬的熊是很危险的,因为它只是小睡一觉,而不是冬眠。在动物园里,由于笼子和围栏里的气温终年保持温暖,而且有饲养员不断的食品供应,熊也就会全年保持活跃状态了。

▶ **什么是蛰伏?**

蛰伏是短期的体温和代谢率降低。蜂鸟和蝙蝠等动物会进行日常的蛰伏以便使它们在晚上或者无法觅食时减少能量需求。蛰伏可被认为是一种短暂的睡眠,但不同于冬眠状态。

▶ **什么是夏眠?**

夏眠(英文为estivation,来源于拉丁文的aestas,意为"夏天")是指动物在夏天而不是在冬天处于休眠状态的过程。夏眠可以是动物应对酷热(如地松鼠)、干旱(如蜗牛)的一种生存策略。哥伦比亚地松鼠不仅冬眠而且夏眠,它的休眠期从夏末一直持续到第二年的5月。

应　　用

▶ **加拉巴哥岛海鬣蜥有什么特别之处?**

加拉巴哥岛海鬣蜥显示出它们对环境的独特适应性:它们是严格的素食者并且会游泳。实际上,它们就是加拉巴哥群岛的"牛",因为它们是这里的主要食草动物。

▶ **为什么动物园里的动物会走来走去?**

走来走去是缺乏刺激的一种表现。最近的一项博士研究发现,在野外活动范围比较大的大型动物在圈养之后尤其容易不停地来回走动。这种行为通常被称为刻板行为。大部分正规动物园都试图通过提供所谓的"丰容"来缓和刻板行为。丰容可以包括不断地改变动物周围的物体、气味和声音,来模拟动物在自然环境中的各种刺激。举个例子,为了保持南美箭毒蛙的生活趣味,饲养员会将喂给它们的蟋蟀隐藏在有钻孔的椰子里,这样箭毒蛙就必须自己去找出藏在椰子里叫唤的食物了。

▶ 人类会有和其他灵长类动物类似的梳理行为吗?

梳理是一种巩固灵长类动物之间社会关系的重要途径。在对非人灵长类动物的研究后发现,去除体表寄生虫的梳理行为通常发生在近亲之间。对人类来说,梳理也是一种用来搞好关系的方式,尽管人类的这种行为也会发生在无血缘关系的人之间。

▶ 动物也会患上心理疾病吗?

虽然动物被人类用于研究诸如焦虑、抑郁甚至精神分裂症等心理疾病,但这些疾病是通过手术或者行为治疗诱导出来的。科学家正在培育那些由于基因遗传而患上此类疾病的小白鼠,希望更好地了解这些疾病的症状并找到更有效的治疗方法。而对于自然环境中的动物,答案就在于动物是否有情感体验、意识或自我意识,而这些问题还有待解答。

▶ 猫为什么会甩动尾巴?

猫的尾巴是一种沟通方式,可以代表一系列的情绪。每一位猫主人都会熟悉猫慢慢地左右摇尾巴的行为。猫在开心的时候会高高翘起尾巴跟你打招呼,而一个轻微的动作就能表示快乐或者期待。在猫越来越具攻击性时,其尾巴顶端会先抽动而后有力地抽打。这个时候的猫精神高度集中而且会随时进行攻击。

▶ 你能教一只老狗新把戏吗?

有效的驯狗是基于狗的正常行为来教它新的用途。例如,当狗随机地做出期待的行为时给予奖励,就能最终使训练人员让狗按要求做出反应。从理论上说,正强化可在狗生命当中的任何阶段进行。

英文中"尾巴摇狗（wag the dog）"这个说法是什么意思？

通过了解狗摇尾巴的不同方式，我们可以很好地了解狗的意图。例如，夸张的摇尾代表一种愉快的或友好的问候，在动物群体中地位低的成员在向地位高的成员打招呼时也会是这种表现。这种行为如果太过夸张，看起来就会像是尾巴在摇狗一样。尾巴缓慢摇动时，尤其是尾部与背部僵直地形成一条线时，表达的就是不满和警告。后腿紧紧夹着尾巴则是恐惧的表现。

▶ **为什么狗会玩接飞盘游戏而猫不会？**

猫和狗的驯化是不同的。狗与人类密切合作，并依靠人类获取食物和住所，但是猫却跟人保持着一种疏远的关系。狗玩接飞盘游戏，是因为这是它们与人类合作狩猎工作关系的一种延伸，而猫和人类却没有这样的关系。

▶ **马真的会算术吗？**

在19世纪末的德国，一匹名为聪明的汉斯（也叫克鲁格·汉斯）的马能通过蹄子跺地的方式，回答写在黑板上的数学问题的答案。汉斯会用它的右前蹄表示个位数（0～9），而用它的左前蹄来表示整十的数字（10、20、30等）。它惊人的表演持续了许多年，直到心理学家奥斯卡·芬斯特（Oskar Pfungst, 1874—1932）证明，当汉斯击蹄的次数与答案吻合时，会从提问者那里得到暗示，从而停止击蹄。即使这匹马并不是真的能算术，但它对人类行为微小变化的观察和反应能力仍然是相当引人注目的。

▶ **谁是艾德先生？**

艾德先生是一匹会"说话的马"，一个20世纪60年代电视节目中的明星。

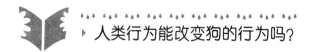

马克斯·普朗克进化人类学研究所的研究人员已经证实，狗如果知道人类能观察到它们就会改变它们的行为。在这项研究中，如果安静坐在旁边的人是睁着而不是闭上眼睛的话，狗就不太可能去吃那些不让它们吃的食物。而如果人被分散了注意力而转身或者打游戏的话，狗就比较容易去抢食这些食物。

在它看起来像是在说话时，实际上只是在对训练员给出的提示做出反应。将一小段绳子从马的笼头穿过它的嘴巴，并由镜头外的训练员拿着绳子的一头，绳子一动就会带动艾德的嘴唇，从而使其看上去像是在说话。在现实世界中，到目前为止，只有鸟能够模仿人类开口说话。

▶ 怎样教鹦鹉说话？

教鹦鹉说话需要不断地重复和给予奖赏两者相结合。主人或者训练员通过食物奖励或者赞美的语言来强化鸟儿的正确发音。

▶ 哪些宠物是最难伺候的？

可以从几个方面来回答这个问题。首先从身体上来看，那些有非常精确饲养要求的动物被认为是最难养的。例如蛇就需要喂养活的食物。另一方面，具有较高学习能力和沟通能力的宠物会让主人感到非常疲惫。对许多人来说，养一只像黑猩猩或者老虎这样难伺候的宠物，会带来体力和精神上的巨大挑战。这就是为什么那么多的珍奇宠物最终被遗弃或者主人放弃了领养。

▶ 人类也会用信息素吗？

是的，人类卵子会释放出一种能使卵子和精子交流的化学信号。人类女哪种鸟赋予"鸟脑袋"（bird brain，意即"笨蛋，傻瓜"）一词新的含义？

亚利桑那大学里，人们对一只叫亚历克斯的非洲灰鹦鹉和其他非洲灰鹦鹉进行了研究。这些鹦鹉是非常出色的学舌者：亚历克斯可以说出50多种不同物体的名字，并且能理解"相同/不同""缺席""数量"和"大小"的意思。

性也会对信息素做出反应。在这种情况下的信号实际上是和月经周期一致的。事实上，我们已经确认了两种人类信息素：第一种能增加排卵的可能性，而第二种会抑制排卵。多年来科学家都在讨论信息素对人类的重要性，而对鼻子的嗅觉感受器和犁鼻器的仔细检查，让研究人员发现了可以使人类辨别这些化合物的机制。

▶ 动物们也会"结婚"吗？

据估计，90%的鸟类都是一夫一妻制的，也就是通过一雄一雌的结合来繁育后代。有些鸟类的这种关系实际上可能超出单个的交配季节，因此也被认为是一种"婚姻"形式。一个物种所形成的配对关系，有赖于它们的生态位并深受它们后代需要的影响。晚成雏后代要想生存就必须有大量的亲代抚育（就像人类一样），需要父母双方都付出努力，因此比较可能形成一夫一妻制。